CATIA V5 逆向设计案例教程

主 编 张玉平 杨 皓

北京理工大学出版社
BEIJING INSTITUTE OF TECHNOLOGY PRESS

内 容 简 介

本书为高等院校、高职院校教学用教材，还可作为相关专业技术人员的参考书或培训教材。

在产品设计和制造过程中，有时需要对已有物体进行修改或重新设计，这就需要使用到逆向技术。如果不掌握这项技能，则无法完成相应任务，在工作中会受到很大限制。逆向技术应用范围非常广，发展越来越快，但是相应教程还比较少，尤其是由易到难的实例教程更少，满足不了学习者的学习要求。CATIA 是一款广泛应用于机械制造、汽车设计等领域的三维设计软件，其强大的功能和广泛的应用使它成了许多专业人士必不可少的工具。然而，在使用 CATIA 进行 3D 模型制作时，有时会遇到需要对已有的物体进行逆向设计的情况，这就需要掌握 CATIA 逆向技能。

本书首先介绍了 CATIA 的基础知识，包括界面、工具栏、命令等；其次对基础模块进行学习，包括草图编辑器、零件设计等模块；再次对逆向技术相关模块进行学习，包括点云编辑器、快速曲面重构等模块；最后通过典型逆向技术实例对前面所写内容进行综合应用。

版权专有　侵权必究

图书在版编目（CIP）数据

CATIA V5 逆向设计案例教程 / 张玉平，杨皓主编
. -- 北京：北京理工大学出版社，2024.1
ISBN 978-7-5763-3621-4

Ⅰ.①C… Ⅱ.①张… ②杨… Ⅲ.①机械设计-计算机辅助设计-应用软件-高等学校-教材 Ⅳ.①TH122

中国国家版本馆 CIP 数据核字（2024）第 024826 号

责任编辑：高雪梅	文案编辑：高雪梅
责任校对：周瑞红	责任印制：李志强

出版发行 / 北京理工大学出版社有限责任公司
社　　址 / 北京市丰台区四合庄路 6 号
邮　　编 / 100070
电　　话 / （010）68914026（教材售后服务热线）
　　　　　（010）68944437（课件资源服务热线）
网　　址 / http://www.bitpress.com.cn
版 印 次 / 2024 年 1 月第 1 版第 1 次印刷
印　　刷 / 河北盛世彩捷印刷有限公司
开　　本 / 787 mm×1092 mm　1/16
印　　张 / 11.5
字　　数 / 246 千字
定　　价 / 68.00 元

图书出现印装质量问题，请拨打售后服务热线，负责调换

前 言

本书基于模具逆向设计过程，概括地介绍了从基础模块使用到综合运用所学模块进行逆向设计的全过程。可以供模具设计与制造、数字化设计与制造、工业设计等多个专业开展模具设计、逆向设计等课程教学使用。

本书以项目式结构体系排列，在每个项目中设置多个子任务，引导读者跟着每个子任务进行学习，完成对该项目知识点的了解，然后通过项目最后的检测，对该项目知识点进行应用和巩固。本书在内容设计上遵从由易到难、由基础到繁复的原则，让读者在学习过程中能够逐级递进，并能在后续项目的学习应用过程中巩固应用前面项目所学知识。本书知识架构合理，逻辑性强，实例贴切，能满足不同水平读者的学习需求。

全书分为理论篇和实践篇共八个项目。理论篇包含项目一"认识CATIA及逆向工程技术"，项目二"CATIA软件基本设置"；实践篇包含项目三"草图编辑器"，项目四"零件设计"，项目五"创成式外形设计"，项目六"数字化外形编辑器"，项目七"快速曲面重建"，项目八"逆向设计实例"。

本书由重庆工业职业技术学院、赛力斯汽车有限公司、重庆赛力斯新能源汽车设计院有限公司共同合作开发完成。本书由教授张玉平（具有十几年教学经验）、双师型教师杨皓（具有五年以上企业经验同时具备教学经验）共同担任主编，由工程师唐婉霞（就职于赛力斯汽车有限公司）、高级工程师欧阳海青（就职于重庆赛力斯新能源汽车设计院有限公司）担任副主编。

由于作者水平有限，时间仓促，书中难免有错误和欠妥之处，恳请读者批评指正。

编 者

目 录

理 论 篇

项目一　认识 CATIA 及逆向工程技术 3

项目引入 3
学习目标 3
知识链接 3
　知识点一　认识逆向工程技术 3
　知识点二　认识 CATIA 软件 7
项目检测 7

项目二　CATIA 软件基本设置 8

项目引入 8
学习目标 8
知识链接 8
　知识点一　熟悉 CATIA 软件操作环境 8
　知识点二　熟悉 CATIA 软件基本设置 11
　知识点三　熟悉 CATIA 软件基本操作 16
项目检测 18

实 践 篇

项目三　草图编辑器 23

项目引入 23
学习目标 23

知识链接 ··· 23
　　　知识点一　认识草图 ·· 23
　　　知识点二　了解草图工作台及草图绘制流程 ············ 24
　　　知识点三　熟悉"草图编辑器"常用工具 ··············· 26
　　项目检测 ··· 37

项目四　零件设计 ·· 38

　　项目引入 ··· 38
　　学习目标 ··· 38
　　知识链接 ··· 38
　　　知识点一　认识零件设计 ·································· 38
　　　知识点二　了解零件设计及操作流程 ···················· 39
　　　知识点三　熟悉零件设计常用工具 ······················· 40
　　项目检测 ··· 60

项目五　创成式外形设计 ·· 61

　　项目引入 ··· 61
　　学习目标 ··· 61
　　知识链接 ··· 61
　　　知识点一　认识曲面与实体的区别 ······················· 61
　　　知识点二　了解创成式外形设计及操作流程 ·········· 62
　　　知识点三　熟悉创成式外形设计常用工具 ············· 63

项目六　数字化外形编辑器 ···································· 89

　　项目引入 ··· 89
　　学习目标 ··· 89
　　知识链接 ··· 89
　　　知识点一　认识数字化外形编辑器 ······················· 89
　　　知识点二　熟悉数字化外形编辑器 ······················· 90

项目七　快速曲面重建 ·· 109

　　项目引入 ··· 109
　　学习目标 ··· 109
　　知识链接 ··· 109

知识点一　认识快速曲面重建 …………………………………… 109
　　知识点二　熟悉快速曲面重建 …………………………………… 110

项目八　逆向设计实例 ……………………………………………… 128

项目引入 ……………………………………………………………… 128
学习目标 ……………………………………………………………… 128
项目实施 ……………………………………………………………… 128
　实例一　后视镜逆向设计 ………………………………………… 128
　实例二　翼子板逆向设计 ………………………………………… 135
　实例三　多功能开关逆向设计 …………………………………… 143
　实例四　汽车散热器下安装板逆向设计 ………………………… 155

参考文献 …………………………………………………………… 174

理论篇

项目一　认识 CATIA 及逆向工程技术

项目引入

逆向工程（逆向设计）是和正向工程相对的一项技术。据市场不完全统计，在现实生活中有 30% 的工作是通过正向思维方式完成的，而有 70% 的工作是通过逆向思维方式完成的，由此我们不难发现逆向工程的重要性，尤其是在工业制造业领域，逆向工程的价值非同一般。在正式学习逆向工程技术之前，需要了解逆向工程技术的发展及应用、培养逆向工程思维、认识 CATIA 软件。

学习目标

技能目标

培养逆向工程思维。

知识目标

（1）了解 CATIA。

（2）了解逆向工程技术的应用。

素养目标

（1）培养灵活多变的解决问题思路。

（2）培养严谨的思维方式。

知识链接

知识点一　认识逆向工程技术

一、逆向工程

现代工业产品的竞争日趋激烈，市场上的产品需要不断地推陈出新，因此各公司对新产品的研发都非常重视，对产品的设计与研发能力提出了更高的要求。多品种、小批量生产代替了传统的少品种、大批量生产模式，产品的设计和生产周期越来越短。传统的设计方法已经不能适应这种形势的需要，因此诞生了新的产品开发方法——逆向工程技术。对于飞机、汽车、家用电器等具有复杂曲面造型的产品，用传统的正向设计方法难以进行造型设计，这时就需要采用逆向设计方法来实现。随着光电测量技术、计算机技术、计算机图形学的发展，综合多种学科技术进行复杂曲面造型的逆向设计方法已经成为一种流行趋势。

逆向工程（Reverse Engineering，RE），又称反求技术或反求工程。逆向设计的基本思想是分析已有的产品或设计方案，确定产品的各个组成部分并进行适当分解，确定产品不同部件之间的内在联系，包括功能联系、装配联系等，然后通过一定的方法获取产品模型，最后从功能、原理、布局等不同的需求角度对产品模型进行修改和再设计。

与传统正向工程不同，逆向工程不是从抽象概念到设计的直接过程，而是通过调整和修改参数来逼近零件模型的间接过程。在产品快速更新迭代的时代，许多新产品并不是完全另起炉灶，一般都是从已有的产品"脱胎"而来，这些新产品与老产品之间在功能与结构方面有很大的相关性，有时新产品设计只需对已有产品设计做局部的改动，这样设计周期就会大大缩短，风险也会大大降低，研发费用也会减少。逆向工程技术还可以与快速原型技术结合起来，为产品设计效果评估、性能测试提供良好的平台。

二、逆向工程技术的应用

逆向工程技术具有快捷、方便、直观的特点，其应用领域已经不仅仅局限于新产品开发，随着与逆向工程相关的软、硬件技术的发展和普及，其在以下几个方面有很广泛的应用。

1. 产品外观设计

由于一些产品外观覆盖件多由自由曲面经过裁剪、缝合、填补、顺接等方法组合而成，用传统的正向设计完成起来比较费时费力。而如果由设计师依据功能和美学需要完成产品的概念设计，用软质材料制作出产品原型，再由结构设计师依据原型进行数字化建模，整个设计工作的效率和质量都会大大提高。图 1-1 所示是车身设计逆向工程。

图 1-1　车身设计逆向工程

2. 复杂曲面的零件设计

在工业领域，有些零件具有很复杂的曲面，比如涡轮叶片、汽车的进排气管道，设计时需要对这些曲面进行复杂的测试分析。但如果在分析和测试阶段采用实物模型，边测试边修改，测试合格后利用逆向设计方法重构出零件的 CAD 模型，就能大大缩短产品的研发周期。

3. 已有产品的仿制

出于产品的保密规定或者是商业上的考虑，产品的原设计者一般不会提供原始 CAD 模型给同行业的竞争对手。在没有产品图纸且产品具有复杂的自由曲面时，只能通过精密的测量加曲面模型重构的逆向工程方法得到它的仿制品。这是目前国内外逆向工程最主要的应用，尤其在汽车、家电、日用品领域。另外，一些进口的机械设备配件损坏后，常常没有备件，或是备件非常昂贵，此时也需要通过这种方法制造新的零件替代品。图 1-2 所示是一个油壶的逆向设计过程实例。

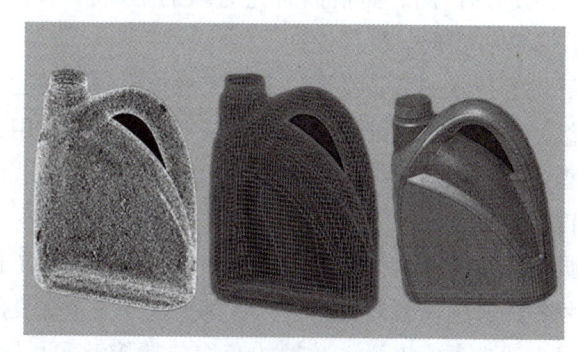

图 1-2　油壶的逆向设计过程实例

4. 损坏零件的修复

如果被测零件表面已经变形或磨损，重构的 CAD 模型并不能与真实的零件表面很好地吻合。依靠逆向工程技术，从推测零件特征（如对称、平行或者垂直特征）的功能出发，同时将重构的 CAD 模型与原始的扫描模型比较，得到变形和磨损量，然后其补偿进 CAD 模型，这样就能得到形状良好的零件模型。修复损坏零件在模具设计领域应用较多。

5. 数字模型的检验

通过利用三维扫描技术扫描零件实物模型，设计者可以将零件 CAD 模型与扫描模型比较，从而快速准确地检验零件在各个方向的制造精度。这种方法的检测精度高，而且非常直观。

以上几个方面的逆向工作技术的应用涉及了汽车摩托、通信、家电、玩具、模具、航空、五金、眼镜、饰品、医疗、运动器材等领域。尤其在航空制造业领域，逆向工程虽然还处于初级阶段，但对航空制造业的发展却起到很大作用。航空产品的特点是生产批量小、造型复杂、不规则件多，在航空维修业，一个产品坏了之后经常没有可替代的产品或者备用件，尤其是一些国外的飞机，坏了之后更是很长时间得不到维修保证，耽误飞机的运行。采用逆向技术对这些损坏的零部件进行修复或者按照原来的样子做个替代品，就可以为飞机维修节约时间和成本。另外，我国的航空业目前还处于很落后的阶段，迫切需要与国际上的先进飞机制造厂商合作并取得经验，例如，现在我国重点研制的某型号机，就需要对国外的飞机进行拆解研究，然后进行改动，这部分的工作量很大，如果全靠人工去测量，不仅费时费力，而且难以保证精确度，有的地方也无法测量，这个时候就需要利用逆向技术来建立数字化模型。

三、逆向工程技术的发展

逆向工程一般以产品实物原型、设计图样或者程序、图片、视频等作为研究对象，应用系统工程学等专业知识及计算机辅助技术来探索并掌握一个产品的设计周期、制造和管理的关键技术等。在此基础上，融入一些新的想法和设计理念，进而开发出类似的或者更为先进的产品。而根据研究对象的不同，可将逆向技术分为三大类，分别为实物逆向、软件逆向、影像逆向。

现今，随着计算机等技术的蓬勃发展，逆向工程技术的含义也已经超出了简单的仿制，其在产品升级、新产品设计开发方面逐渐具有更重要的作用。

事实上，逆向理论包含很多的技术点。其中，对产品数据的获取及处理、对曲面的重建是目前的关键技术。

首先要进行数据的获取。对目标产品数据的获取是整个逆向工程技术的基础，整个逆向工程技术过程中的其他步骤及结果，无疑都要基于一个优良的产品数据才能实现。一般地，从测量方法的角度来说，数据的获取包括接触式测量和非接触式测量。接触式测量借助的媒介就是测量仪器的测头，这种方法主要是依靠仪器测头直接与被测物体接触，利用传感器获取数据。非接触测量依靠的媒介一般包括光、声波、电磁波等，这种方法主要是利用媒介的各种物理现象，从而实现被测物体的测量，也能通过各种算法进而得到被测物体的表面数据。

其次要进行数据的处理。数据处理步骤在整个逆向工程中是十分重要的，因为处理后的数据结果会被用来重构模型，所以处理的结果也就直接影响到了后续重构模型的质量。一般地，数据处理步骤包括以下方面。

1) 多视图拼合。多视图拼合是对多个数据坐标系进行整合，而拼合的主要方法包括点位法、固定球法及平面法。

2) 噪声处理。在获得的产品数据中往往会含有一些由于测试环境、操作方法等原因导致的噪声点，这些噪声点如果不加以剔除会直接影响到后续工作的效率甚至质量。一般地，噪声处理方法中我们主要利用的是平滑滤波（高斯、平均值及中值滤波等）。

3) 数据精简。很多时候得到的数据往往包含过大的数据量，过大的数据量会大大增加计算机的工作量，使后续工作进程缓慢，所以对获取的数据加以精简是必要的。而数据点形式的不同，采取的精简方式也不同，例如，对散乱点往往采用随机采样方式；对扫描线点云和多边形点云则采用等间距缩减、倍率缩减等方式。

知识点二　认识CATIA软件

在逆向工程中，最重要也是最关键的步骤是CAD模型的重建工作。因为逆向工程的最终目的是新产品设计或者原产品的仿制、再加工等，而这些都要基于完整的CAD数学模型，只有在完整的CAD数学模型支持的基础上，才能做到快速、有效地进行所有逆向工程的后续步骤。

目前，世界上比较通用的CAD/CAE/CAM软件有UG、PROE，以及本书将要用到的CATIA。CATIA是由法国达索系统公司开发的一种大型CAD/CAE/CAM软件，在世界CAD/CAE/CAM领域处于领导地位。由于CATIA功能庞大、系统完善，所以较之于UG和PROE来讲，其更多地被应用于军工、航空航天、汽车船舶制造、机械制造、电子产品制造、仪器零件设计等领域。可以说，CATIA内嵌庞大的集成解决方案使其基本可以覆盖所有的产品制造领域，且符合基本所有企业工业生产设计的需要。例如，大众熟知的飞机制造商，美国的波音公司，以及著名的汽车制造企业，如克莱斯勒、宝马、奔驰、本田、丰田等都无一例外地选择CATIA进行产品的设计。

在CATIA中，数字外形编辑模块（Digital Shape Editor，DSE）及快速曲面重构模块（Quick Surface Reconstruction，QSR）是逆向工程专用的模块，它们除了具有对点云数据进行处理的功能之外，还提供了强大的曲面、曲线直接拟合功能。同时，由于植入了SRYLER的算法，CATIA的POWER FIT功能比专用逆向工程软件IMAGEWARE的FIT FREEROM功能还要强大许多。

项目检测

一、简答题

（1）什么是逆向工程？

（2）逆向设计的优点有哪些？

（3）逆向工程的应用领域有哪些？

（4）非接触测量有哪些方法？

项目二　CATIA 软件基本设置

项目引入

俗话说得好，"不打无准备的仗"，这句话告诉我们无论做什么事情都要提前做好准备，做事时才能达到事半功倍的效果。当然，提前准备也不能只是一句空话，需要付出实际行动。CATIA V5 逆向设计的前期准备就是熟悉 CATIA 软件界面及开始菜单、操作指南针、鼠标操作、工作环境设置和工作界面定制、CATIA 文件格式，以及新建、打开和保存文件等。熟悉并掌握之后，在实践篇实例演练项目中的操作将更加便捷高效。

学习目标

技能目标
(1) 能正确操作 CATIA 软件界面。
(2) 会根据需求进行工作环境设置和工作界面定制。
(3) 会根据实际情况新建、打开和保存文件。

知识目标
(1) 了解常用的 CATIA 文件格式。
(2) 了解保存文件时兼容其他三维软件的格式。

素养目标
培养多方位思考和处理事情的能力。

知识链接

知识点一　熟悉 CATIA 软件操作环境

一、CATIA 软件界面及开始菜单

1. CATIA 软件界面

CATIA V5 的工作界面是标准的 Windows 应用程序窗口，如图 2-1 所示，窗口的四周是工具栏，工具栏上方是菜单栏，中间部分是工作区，工具栏与下方是命令提示

区域。工作区主要有模型树、坐标平面、指南针、工作窗口，共 4 个组成部分。

图 2-1 CATIA V5 的工作界面

2."开始"菜单

CATIA 的"开始"菜单内有软件自带的 12 个模块，分别是基础结构、机械设计、形状等，如图 2-2 所示。每个模块下包含了多个工作台用来实现一系列功能。例如，"基础结构"模块包含"产品结构""材料库""CATIA V4、V3、V2"等工作台；"机械设计"模块包含"零件设计""装配设计""草图编辑器"等工作台；"形状"模块包含"Free Style""创成式外形设计"等曲面设计工作台。

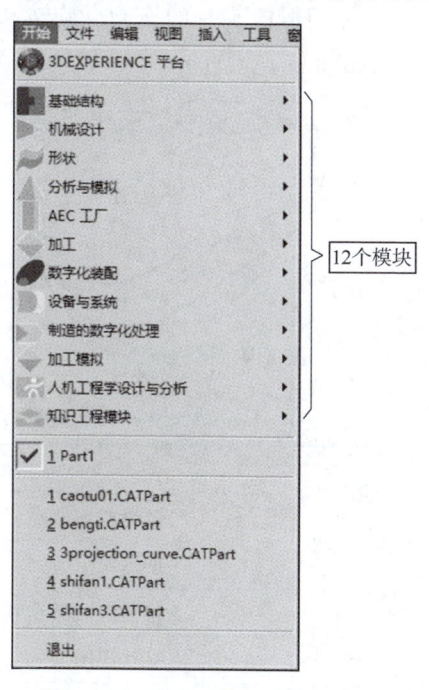

图 2-2 CATIA 的"开始"菜单

以设备装配为例，要得到一个所需要的三维零件模型，首先要有草图绘制的基础，在"草图编辑器"内绘制好界面草图后，通过拉伸、旋转等操作生成一系列三维零件模型。其次三维零件模型具备不同的特征，这些零件特征的编辑是通过"机械设计"模块下的"零件设计"功能来实现的；而一些复杂曲面的零件特征则需要

项目二　CATIA 软件基本设置　9

通过"形状"模块下的"创成式外形设计"功能来实现。最后将这些特征零件按照要求通过"机械设计"模块下的"装配设计"功能来完成完整的设备装配。

二、操作指南针

拖动指南针上的控制点（线、面），可以对视图进行移动、旋转和缩放等，如图2-3所示。

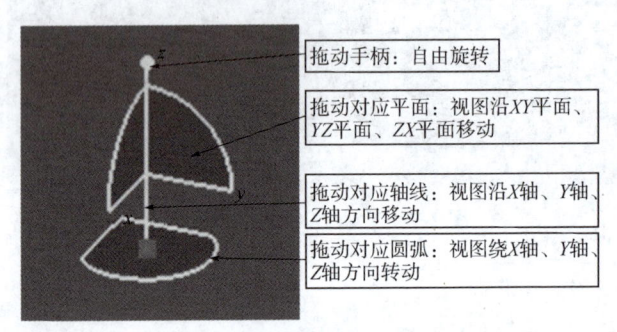

图 2-3　指南针的操作及其功能

拖动手柄：自由旋转
拖动对应平面：视图沿XY平面、YZ平面、ZX平面移动
拖动对应轴线：视图沿X轴、Y轴、Z轴方向移动
拖动对应圆弧：视图绕X轴、Y轴、Z轴方向转动

三、鼠标操作

CATIA提供各种鼠标按键的组合功能，包括执行命令、选择对象、编辑对象等，以及对视图、特征树和指南针等图形或工具的拖动、旋转和缩放等操作鼠标按键如图2-4所示，鼠标动作及其功能如表2-1所示。

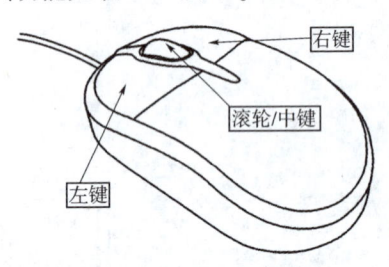

图 2-4　鼠标按键

表 2-1　鼠标动作及其功能

动作	功能
单击	选择对象、点、命令等
拖动左键	框选对象
单击中键	将指定点移动到视图中心
拖动中键	平移视图
右击	显示快捷菜单
先按住 ctrl 键后按住中键或按住中键右击/单击，上下移动鼠标	缩放视图或模型树
按住中键+左键（或右键），移动鼠标	旋转视图
转动滚轮	移动模型树

知识点二 熟悉 CATIA 软件基本设置

CATIA 的"工具"菜单含有图 2-5 所示设置选项。工作中通过使用该菜单下的设置选项进行工作环境设置和工作界面定制。

图 2-5 "工具"菜单

一、工作环境设置

工作环境设置主要使用"工具"菜单内的"选项"功能。打开"选项"对话框，有"常规""基础结构""机械设计"等子模块，如图 2-6 所示。其中每一个子模块都可进行相关设置。设置完成后，单击"确定"按钮，完成相应工作环境设置。

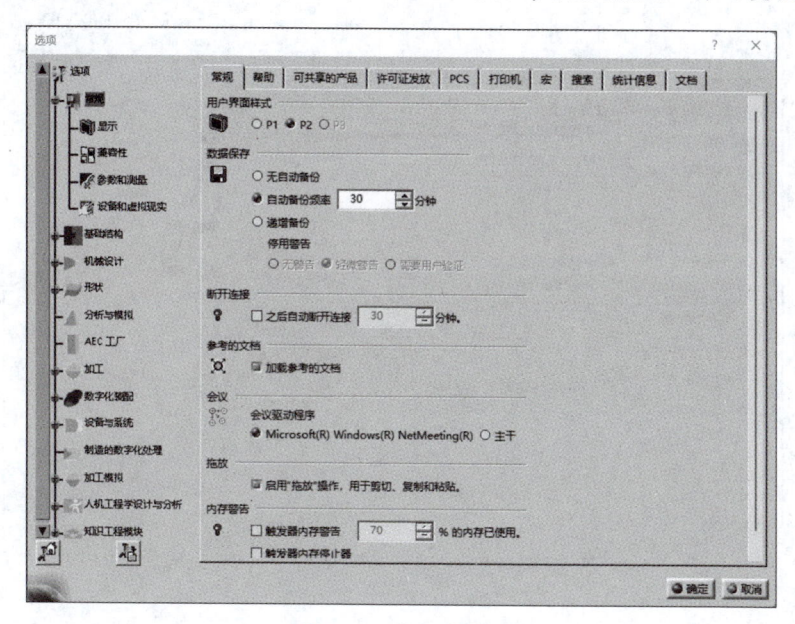

图 2-6 选项对话框

项目二　CATIA 软件基本设置

例如，选择"常规"→"显示"→"可视化"命令，完成"颜色""深度显示""抗锯齿""启用立体模式"项目的选择，单击"确定"按钮调节操作界面背景，如图 2-7 所示。

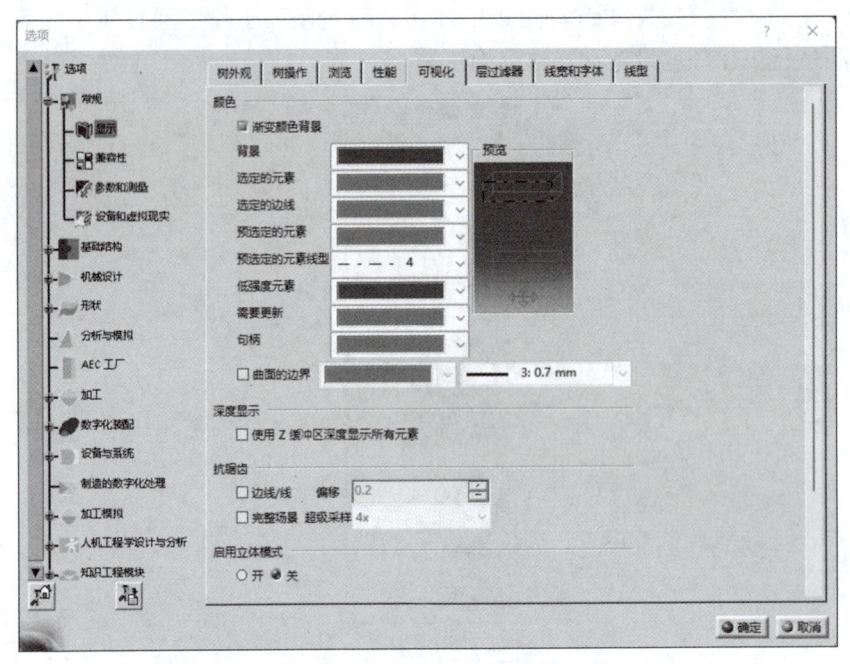

图 2-7 调节操作界面背景

选择"基础结构"→"产品结构"→"高速缓存管理"命令，勾选"使用高速缓存系统"复选框，单击"确定"按钮后，可以提高图形结构复杂时打开 CATIA 的载入效率，使计算机内存小的环境下仍能运行并使用该软件，如图 2-8 所示。

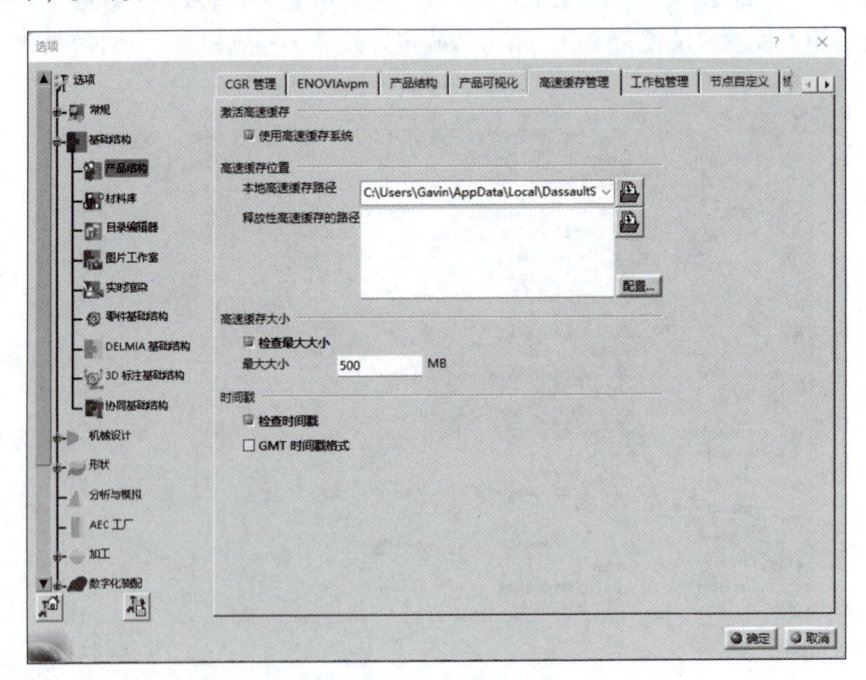

图 2-8 提高 CATIA 的载入效率

12 ■ CATIA V5 逆向设计案例教程

选择"机械设计"→"草图编辑器"命令，根据个人使用习惯完成"网格""草图平面""几何图形"等选项的设置，单击"确定"按钮，对工作环境进行私人化设置，如图 2-9 所示。

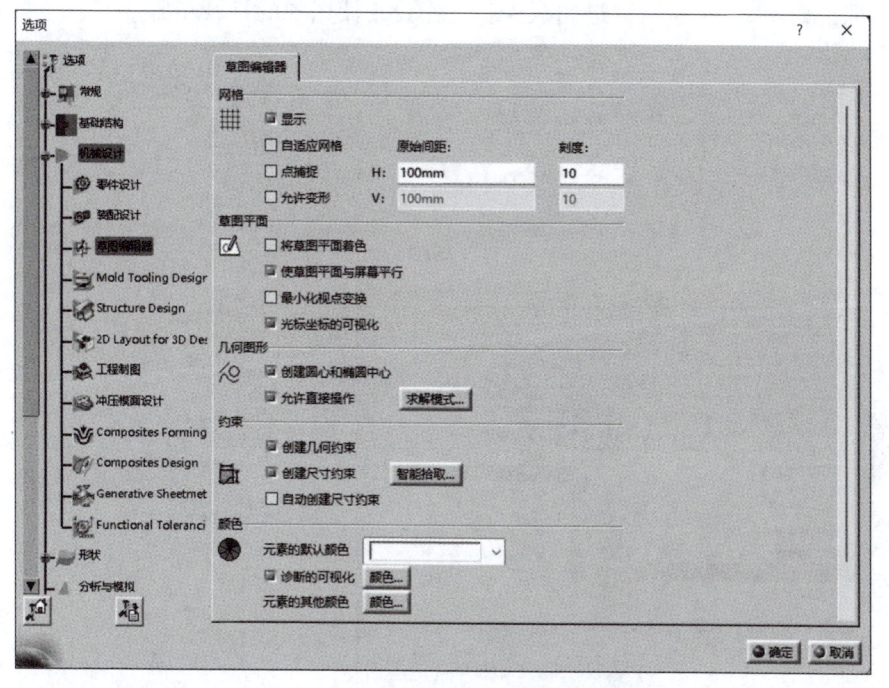

图 2-9　对工作环境进行私人化设置

二、工作界面定制

工作界面定制主要使用"工具"菜单内的"自定义"功能。打开"自定义"对话框，如图 2-10 所示，其中有"开始菜单""用户工作台""工具栏""命令""选项" 5 个选项卡。完成相应选项卡设置后，单击"关闭"按钮，即可完成相应工作界面定制。

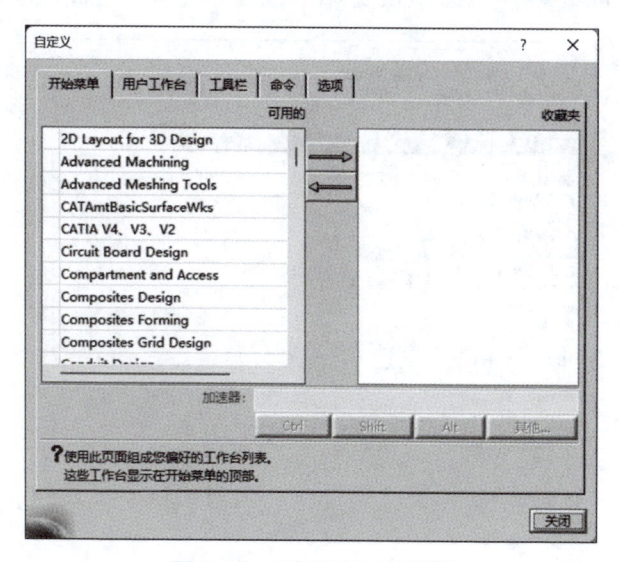

图 2-10　"自定义"对话框

选择"开始菜单"选项卡中的"可用的"选项区域内的"装配设计"命令，单击"→"按钮，将左侧"可用的"选项区域内的"装配设计"工作台转移到右侧的"收藏夹"内，单击"关闭"按钮，使收藏夹内的工作台能够直接显示在"开始"菜单的顶部，如图 2-11 所示，进而减少各工作台在使用中的打开步骤。

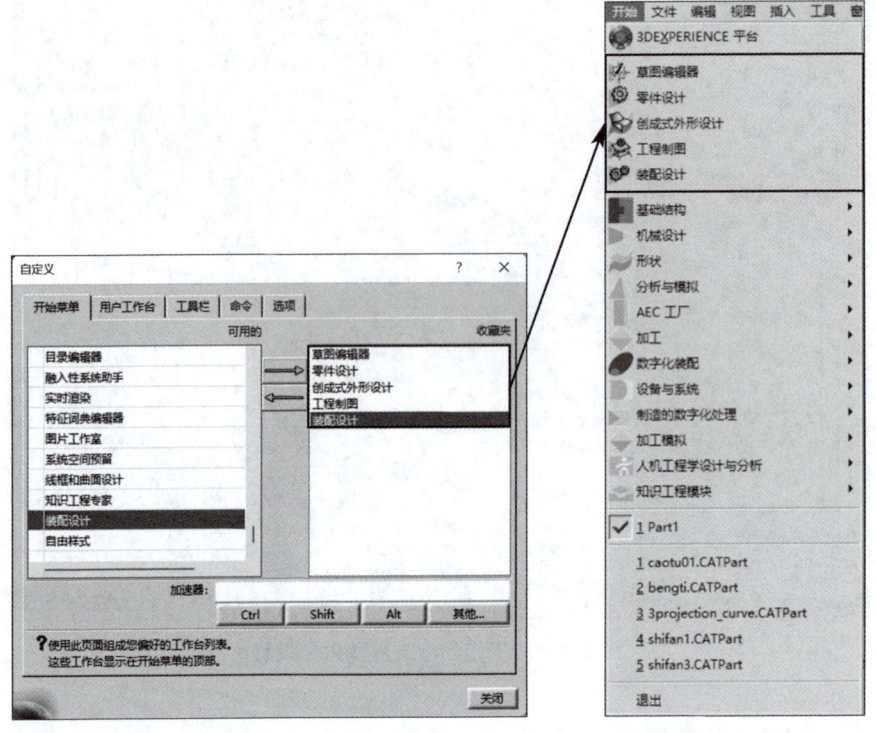

图 2-11　设置开始菜单中偏好的工作台列表

单击"工具栏"选项卡的"新建"或"添加命令"或"移除命令"按钮可以私人定制个人常用的几个工具；单击"恢复所有内容"按钮可将误删的工具恢复；单击"恢复位置"按钮可将杂乱工具栏中的工具恢复到初始设置的位置，定制工具如图 2-12 所示。

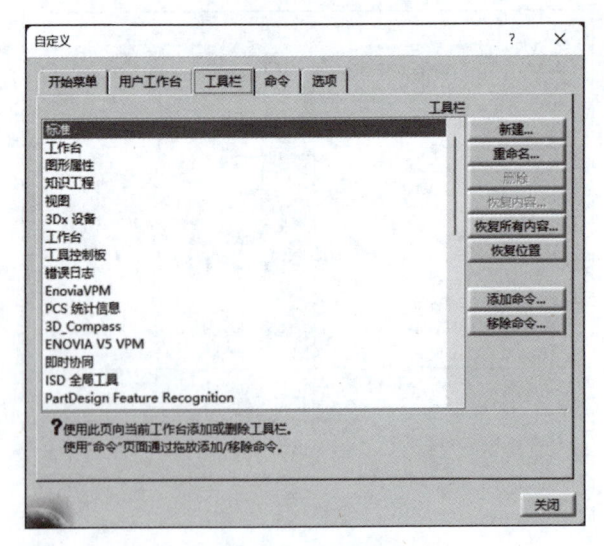

图 2-12　定制工具

选择"命令"选项卡中"类别"选择区域内的"文件"命令及"命令"选择区域内的"保存"命令后,单击"显示属性"按钮,在弹出的"命令属性"对话框中,修改"加速器"对话框,单击"关闭"按钮,完成对常用命令添加快捷键的设置,如图 2-13 所示。

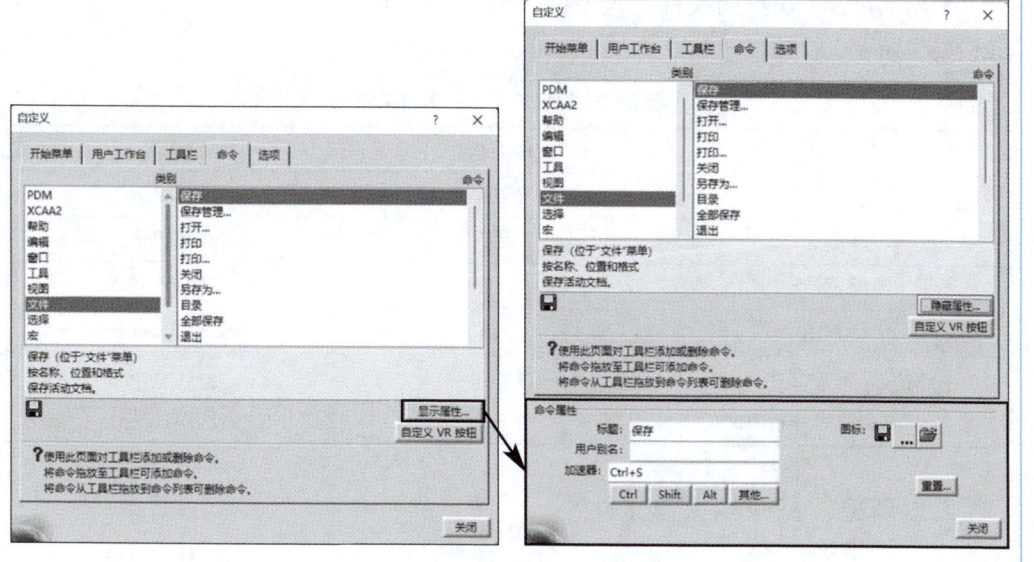

图 2-13 对常用命令添加快捷键

在"选项"选项卡中勾选"大图标"复选框或拖动"图标大小比率"滑块,勾选"工具提示"复选框,在"用户界面语言"下拉列表中选择"环境语言(默认)"选项,勾选"锁定工具栏位置"复选框,单击"关闭"按钮,完成对图标大小、工具提示、用户界面语言的设置,如图 2-14 所示。

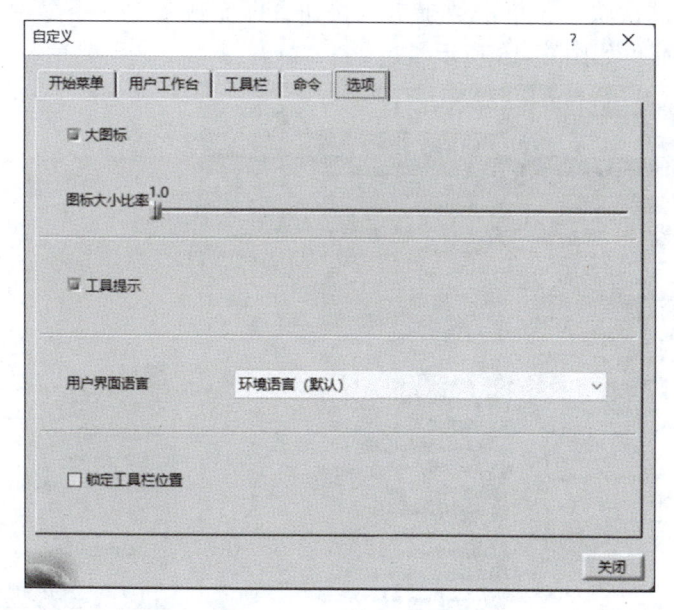

图 2-14 "选项"设置

知识点三　熟悉 CATIA 软件基本操作

一、CATIA 文件格式

不同工作台下操作的文件类型不同。根据所使用工作模块的不同，常见 CATIA 文档类型如表 2-2 所示。

表 2-2　常见 CATIA 文档类型

工作模块	文档类型	后缀名
草图编辑器	零件	.CATPart
零件设计	零件	.CATPart
装配设计	产品（装配体）	.CATProduct
工程制图	工程图	.CATDrawing
创成式曲面设计	形状	.CATShape
创成式结构分析	分析	.CATAnalysis

二、新建、打开和保存文件

1. 新建文件

新建 CATIA 文件的方法主要有三种。

（1）通过工作台新建文件。

在菜单栏中，依次选择所需要进入的工作台，例如，选择"开始"→"机械设计"→"零件设计"命令，弹出"新建零件"对话框。在"新建零件"对话框的"输入零件名称"文本框中可更改零件的显示名称，零件名称也可以输入英文，其他选项保持默认状态，单击"确定"按钮，即完成新建一个零件，并进入零件设计工作台界面，如图 2-15 所示。

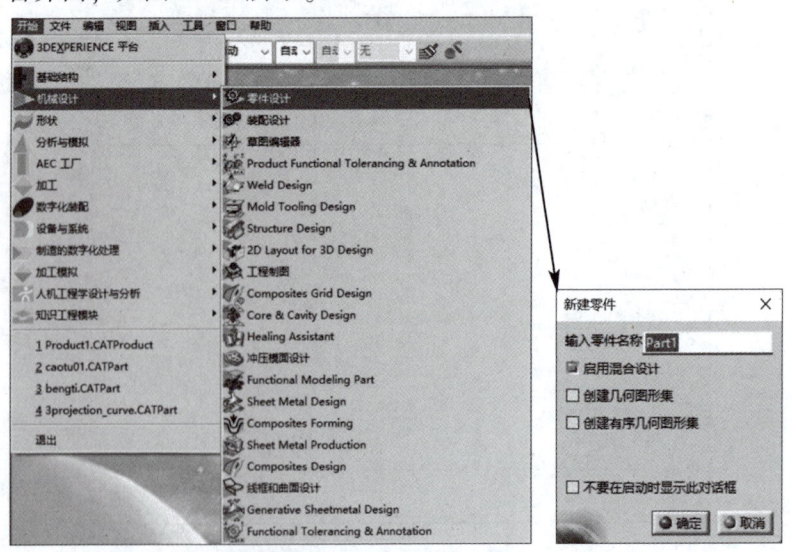

图 2-15　通过工作台新建文件

(2)通过"文件"菜单栏下的"新建"命令新建文件。

在菜单栏中，依次选择"文件"→"新建"命令，弹出"新建"对话框。在"新建"对话框下"类型列表"选项区域选择"Part"命令，弹出"新建零件"对话框。在"新建零件"对话框的"输入零件名称"文本框中输入零件名称，其他选项保持默认状态，单击"确定"按钮，即完成新建一个零件，并进入零件设计工作台界面，如图2-16所示。

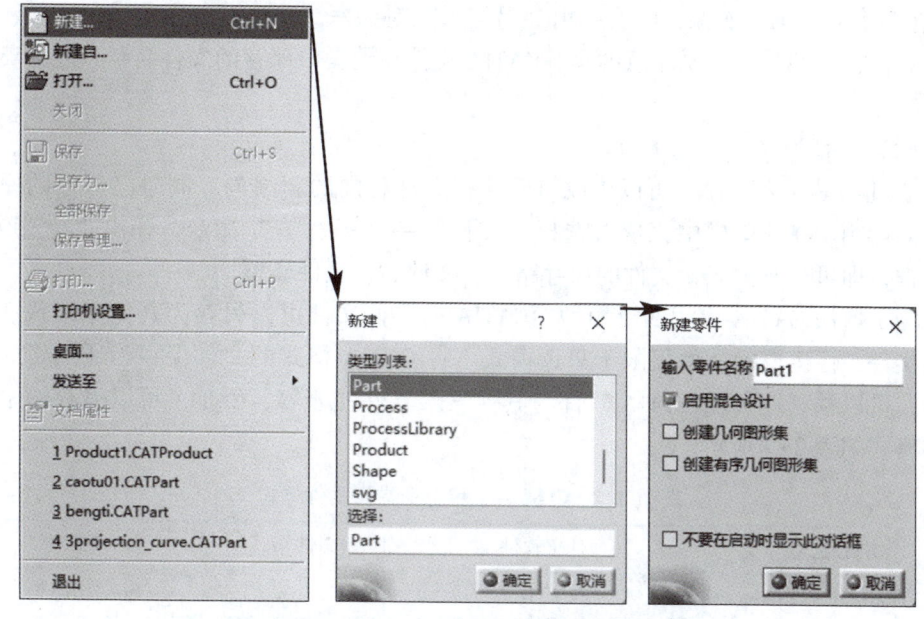

图2-16 通过"文件"菜单栏下"新建"命令新建文件

(3)通过开始对话框新建文件。

单击"开始"，在下拉菜单中选择所用模块。如果在CATIA V5中定义了开始对话框，进入系统时会显示"欢迎使用CATIA V5"对话框，在该对话框中单击图标就可以进入相应的工作台（功能模块），如图2-17所示。

图2-17 通过开始对话框新建文件

2. 打开文件

打开CATIA文件有两种方法。

(1)双击计算机硬盘中已存储的CATIA文件。

(2) 在菜单栏中,依次选择"文件"→"打开"命令,选择目标文件,单击"打开"按钮,即可打开目标文件。

3. 保存文件

存储文件功能包括保存、另存为、全部保存。

(1) 保存。

在"标准"工具栏中单击"保存"按钮,或在菜单栏中,依次选择"文件"→"保存"命令。第一次保存时会弹出"另存为"对话框,用户可以设置保存路径、文件名和保存类型等。需要注意的是,CATIA 文件在硬盘中保存的文件名称只能为英文和数字。

(2) 另存为。

通过"另存为"命令可以生成与已保存文件相同的新文件,同时已保存的原文件不受影响。在菜单栏中,依次选择"文件"→"另存为"命令,弹出"另存为"对话框,即可更改生成新文件的保存路径、文件名、文件类型。

为了增加 CATIA 应用的泛用性,CATIA 的零件文件可以另存为其他三维软件格式的文件,但生成的文件仅限于只读模式。将 CATIA 格式的文件保存为通用格式的文件,可以顺利地实现 CATIA 软件与其他三维软件的兼容,CATIA 可以另存的常用文件格式如表 2-3 所示。

表 2-3　CATIA 可以另存的常用文件格式

文件格式	对应软件	文件格式	对应软件
.CATPart/.CATProduct	CATIA	.cgr	CorelDRAW
.stl	三角网格来表现三维模型	.icem	ICEM Surf
.igs	通用格式	.wrl	VRML Viewer
.model	CATIA V4 与 V5 中间格式	.stp	通用格式

(3) 全部保存。

当需要保存的 CATIA 文件数量在两个以上时,使用"全部保存"功能将更加快捷简便。在菜单栏中,依次选择"文件"→"全部保存"命令,弹出"全部保存"提示框,单击"确定"按钮,完成保存全部文件。没有发生改动的文件不会出现在提示的文件数量中。

项目检测

一、填空题

(1) 按住鼠标中键,移动鼠标,改变图形对象的_____。

(2) 按住鼠标中键,单击并上下移动鼠标,改变图形对象的_____。

(3) 同时按住鼠标中键和左键,图形对象随着鼠标的移动而旋转,是改变用户的_____。

(4) 通过指南针可以改变图形对象的_____,改变图形对象的_____,可以改变用户的_____、_____图形对象。

（5）通过功能键_____可以显示或隐藏特征树。

（6）将光标指向特征树结点的连线，按住鼠标_____键，即可拖动特征树到指定位置。

（7）在 CATIA 软件中，装配体文件的后缀名是．CATProduct；零件文件的后缀名是_____。

（8）在 CATIA 软件中，装配体文件的后缀名是．CATProduct；工程图文件的后缀名是_____。

二、简答题

（1）如何将常用的模块设置在"开始"菜单栏的顶部？

（2）如何将混乱工具栏中的工具恢复到初始位置？

（3）新建 CATIA 文件有哪几种方式？

（4）保存 CATIA 文件有哪几种方式？

参考答案

一、（1）显示位置　（2）显示比例　（3）观察方向　（4）实际位置　显示位置　观察方向　旋转　（5）F3　（6）左　（7）.CATPart　（8）.CATDrawing

二、略

实践篇

项目三　草图编辑器

项目引入

二维草图，是由多个平面图组成、每个平面图都是三维模型的一个视图，是三维模型和装配体的基础，为三维模型提供了细节信息，以及装配体的结构和尺寸信息。三维模型是二维草图的立体表示，它可以更清晰地展示出装配体的结构、尺寸，以及装配体中各个零件之间的关系。装配体是三维模型和二维草图的实体表示，它由多个零件组装而成，可以实体展示装配体的结构、尺寸，以及装配体中各个零件之间的关系。因此，只有二维草图的基础打好，三维模型才能被精准绘画。

学习目标

技能目标
（1）提高绘图能力。
（2）掌握"草图编辑器"的操作步骤。
（3）熟练应用直线、圆、约束等工具。

知识目标
掌握尺寸约束、几何约束的含义。

素养目标
（1）培养灵活多变、提高工作效率的思路。
（2）培养严谨的思维方式。

知识链接

知识点一　认识草图

CATIA V5 的实体模型建立一般都是从绘制二维草图开始的。绘制二维草图就是指在一维平面上通过基本几何图形组成实体模型的轮廓图或截面图。这些实体模型的轮廓图和截面图通过"零件设计"工作台，进行拉伸（见图 3-1~图 3-2）、旋转（见图 3-3）或沿着曲线扫描等操作形成实体模型的基本特征。

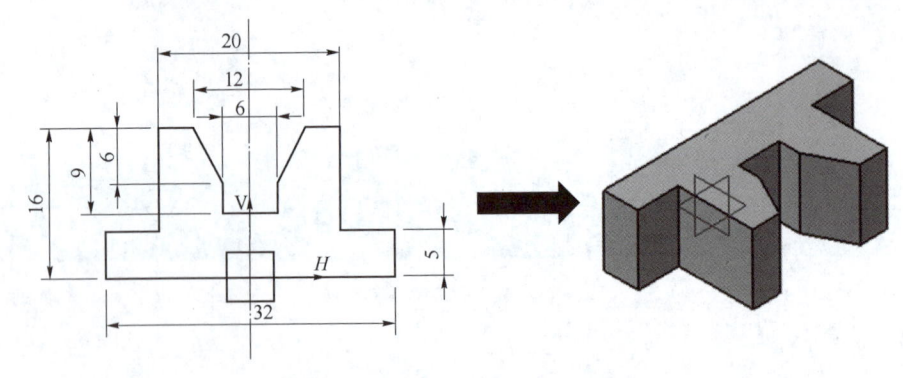

图 3-1　通过草图拉伸得到实体

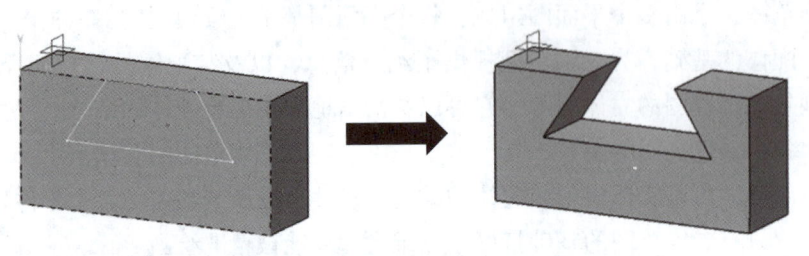

图 3-2　通过草图拉伸去除实体

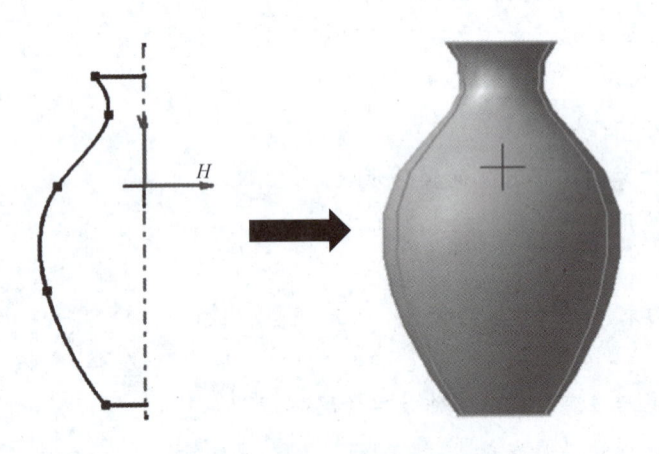

图 3-3　通过草图旋转得到实体

知识点二　了解草图工作台及草图绘制流程

一、进入草图工作台

进入草图工作台的方法有两种，除了直接打开"草图编辑器"模块，在其他模块下也能通过快捷图标打开"草图编辑器"。

方法一：单击"开始"→"机械设计"→"草图编辑器"命令，弹出"新建零

24　CATIA V5 逆向设计案例教程

件"对话框,在"输入零件名称"文中框中输入文件名称,单击"确定"按钮,即可进入草图工作台,如图3-4所示。

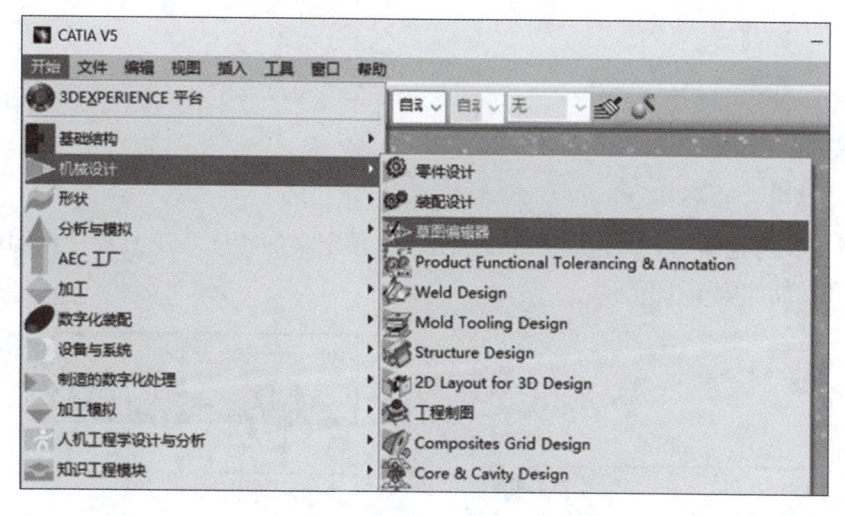

图3-4 进入草图工作台方法一

方法二:选择一个平面,单击"草图编辑器"工具栏内"草图" ![] 图标,即可进入草图工作台。

二、草图工作台界面展示

草图工作台界面如图3-5所示。

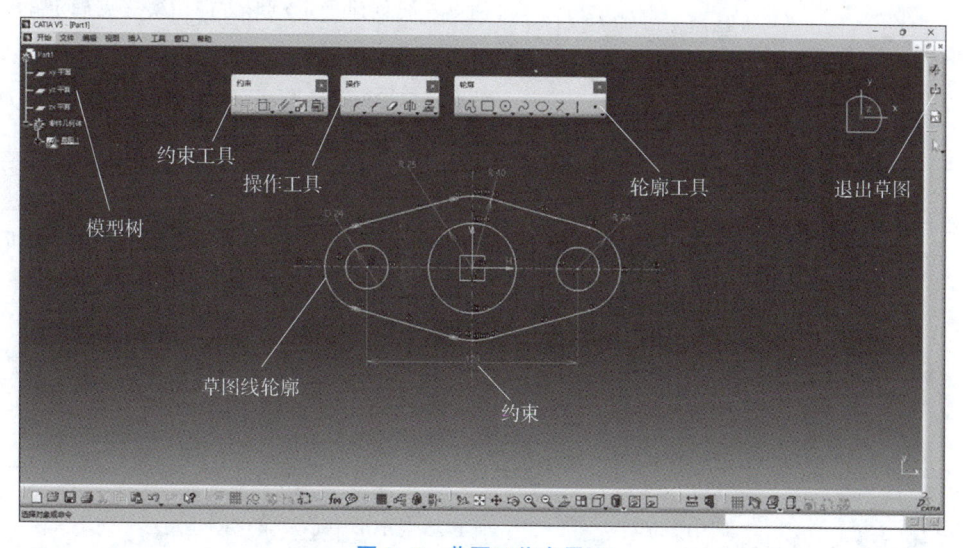

图3-5 草图工作台界面

三、草图绘制流程

单击"草图" ![] 图标→选择依附平面→绘制草图线轮廓→添加约束→单击"退出" ![] 图标,退出草图绘制页面。

项目三 草图编辑器 25

知识点三 熟悉"草图编辑器"常用工具

一、"轮廓"工具栏

"轮廓"工具栏如图 3-6 所示。

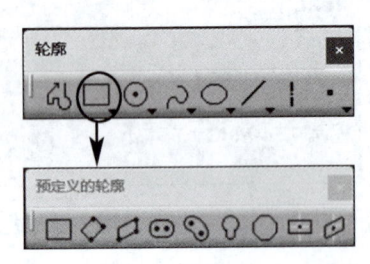

1. "预定义的轮廓"工具栏

"预定义的轮廓"工具栏如图 3-7 所示;"预定义的轮廓"工具栏中各图标及对应名称和功能如表 3-1 所示。

图 3-6 "轮廓"工具栏

图 3-7 "预定义的轮廓"工具栏

表 3-1 "预定义的轮廓"工具栏中各图标及对应名称和功能

图标	名称	功能
	两角点矩形	单击两个角点创建矩形
	导向矩形	两点直线创建确定矩形方向,第三点确定矩形宽度
	平行四边形	两点定位平行四边形,第三点确定平行四边形宽度和角度
	延长孔	两个圆心、半径创建键槽
	圆柱型延长孔	利用圆心、半径、圆心角定义圆弧作为圆弧槽的中心线,再定义槽厚度创建圆弧键槽
	锁眼轮廓	利用两个圆心、圆心距离、圆半径创建锁眼轮廓
	六边形	通过圆心及圆心到边的距离创建正六边形
	居中平行四边形	通过选择两条交叉线作为平行四边形的中心线,并单击角点创建平行四边形
	居中矩形	通过单击矩形中心及角点创建矩形

2. "圆"工具栏

"圆"工具栏如图 3-8 所示,"圆"工具栏中各图标及对应名称和功能如表 3-2 所示。

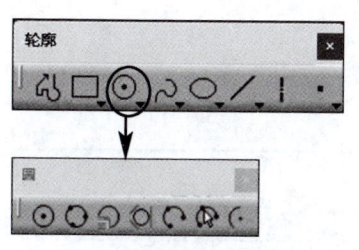

图 3-8 "圆"工具栏

表 3-2 "圆"工具栏中各图标及对应名称和功能

图标	名称	功能
	圆心、半径创建圆	通过定义圆心、半径创建圆
	3 点创建圆	通过 3 个点创建圆
	坐标创建圆	通过给定圆心坐标和半径创建圆
	3 切线创建圆	创建与 3 条曲线相切的圆
	3 点圆弧	通过 3 个点及半径方式创建圆
	受限 3 点圆弧	通过定义起点、终点、圆弧上的点或半径方式创建圆弧
	圆心、起点、圆弧角创建圆弧	通过定义圆心、起点及圆弧角的方式创建圆弧

3. "样条线"工具栏

"样条线"工具栏如图 3-9 所示,"样条线"工具栏中各图标及对应名称和功能如表 3-3 所示。

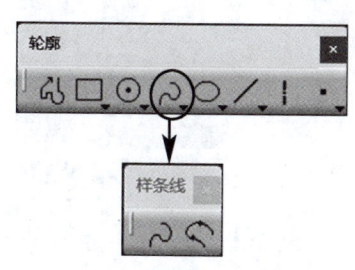

图 3-9 "样条线"工具栏

表 3-3 "样条线"工具栏中各图标及对应名称和功能

图标	名称	功能
	样条线	通过单击多个点创建样条曲线,最后双击可结束编辑
	连接线	将两个或多个草图元素(如线段、样条线等)连接起来,形成一个连续的图形

项目三 草图编辑器 27

4. "二次曲线"工具栏

"二次曲线"工具栏如图 3-10 所示,"二次曲线"工具栏中各图标及对应名称和功能如表 3-4 所示。

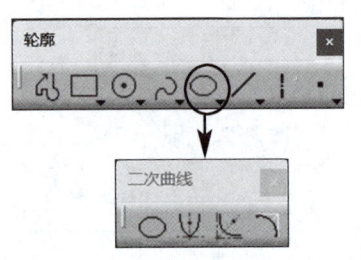

图 3-10 "二次曲线"工具栏

表 3-4 "二次曲线"工具栏中各图标及对应名称和功能

图标	名称	功能
	椭圆	通过选择圆心然后单击 2 个点确定长、短轴方式创建椭圆
	抛物线	通过焦点、顶点、限制点的方式创建抛物线
	双曲线	通过焦点、顶点、限制点的方式创建双曲线
	二次曲线	通过参数设置自动计算并生成曲线

5. "直线"工具栏

"直线"工具栏如图 3-11 所示,"直线"工具栏中各图标及对应名称和功能如表 3-5 所示。

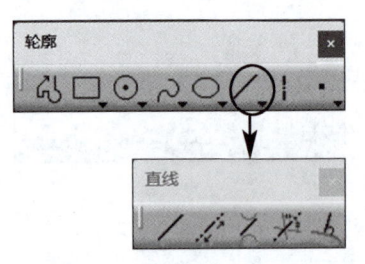

图 3-11 "直线"工具栏

表 3-5 "直线"工具栏中各图标及对应名称和功能

图标	名称	功能
	两点直线	可以通过单击两个点创建直线
	无限长直线	可以创建无限延长的水平、垂直线,也可以通过定义点和角度的方式来创建直线
	相切直线	可以创建两个圆弧的相切线
	角平分线	可以创建一个角的角平分线
	曲线的法线	在存在的曲线上创建法线

6. "点"工具栏

"点"工具栏如图 3-12 所示,"点"工具栏中各图标及对应名称和功能如表 3-6 所示。

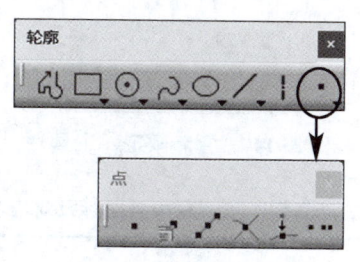

图 3-12 "点"工具栏

表 3-6 "点"工具栏中各图标及对应名称和功能

图标	名称	功能
	单击创建点	通过单击某个位置创建点
	坐标创建点	通过在对话框中输入坐标创建点
	创建等分点	在曲线上创建等分点
	创建交点	创建两条曲线的交点
	创建投影点	创建一个点沿一定方向在一条曲线上的投影点

二、"操作"工具栏

"操作"工具栏如图 3-13 所示。

图 3-13 "操作"工具栏

1. "圆角""倒角"工具

"圆角""倒角"工具图标及对应名称和功能如表 3-7 所示。

表 3-7 "圆角""倒角"工具图标及对应名称和功能

图标	名称	功能
	圆角	草图中的角部添加圆角并设置圆角参数
	倒角	草图中的角部添加倒角并设置倒角参数

2. "重新限定"工具栏

"重新限定"工具栏如图 3-14 所示,"重新限定"工具栏中图标及对应名称和功能如表 3-8 所示。

项目三 草图编辑器 29

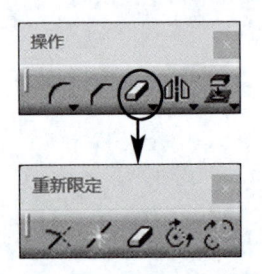

图 3-14 "重新限定"工具栏

表 3-8 "重新限定"工具栏中各图标及对应名称和功能

图标	名称	功能
	修建	选择两线裁剪边角
	打断	通过选择曲线上点的方式打断曲线
	快速擦除	通过选择删除的方式裁减相交边和曲线
	封闭弧	选择圆弧产生封闭圆
	转换弧	优弧转劣弧或劣弧转优弧

3. "变换"工具栏

"变换"工具栏如图 3-15 所示,"变换"工具栏中各图标及对应名称和功能如表 3-9 所示。

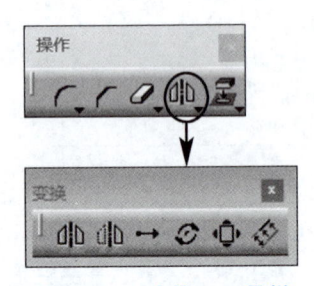

图 3-15 "变换"工具栏

表 3-9 "变换"工具栏中各图标及对应名称和功能

图标	名称	功能
	镜像	沿对称轴镜像复制几何
	对称	沿对称轴移动几何
	平移	通过一个矢量方向移动几何
	旋转	通过定义旋转中心和旋转角度旋转几何
	比例缩放	通过定义缩放中心和比率缩小放大几何
	偏移	通过定义偏移距离偏移几何

三、"约束"工具栏

1. 什么是约束

"约束"就是在草图元素间建立尺寸、位置和几何的限制(如相切、垂直等)。

使用轮廓和操作等工具栏中的工具只能画出平面轮廓,并不能精确定义图形。没有约束的图形会随着鼠标的拖动而移动,在此基础上建立的三维实体就会随之变化。因此,对于草图对象,特别是复杂草图对象,需要使用草图约束工具进行限制以保证草图的精确性与可修改性。"约束"工具栏如图3-16所示。

图3-16 "约束"工具栏

2. 几何约束

几何约束是指一个元素和另外一个元素的位置关系,如相合、同心、相切、垂直或平行等,约束定义如图3-17所示。常用几何约束定义的效果如表3-10所示。

图3-17 约束定义

表3-10 常用几何约束定义的效果

约束前	约束定义	约束后
	固定	
	相合	
	同心	
	相切	

项目三 草图编辑器　31

续表

约束前	约束定义	约束后
	平行	
	垂直	
	水平	
	竖直	

3. 尺寸约束

尺寸约束是几何约束的一种类型，是两元素间的距离。这个距离有长度、角度、直径等，常见尺寸约束如表 3-11 所示。

表 3-11 常用尺寸约束

名称	表现形式	功能
距离	15	约束两元素间的距离
长度	35	约束元素的长度
角度	40°	约束两个非平行直线间的角度
直径	D22 R22	给圆/圆弧添加直径/半径约束

项目实施

草图设计实例——挂钩

挂钩作为生活中普遍应用的工具，应用范围非常广泛。但是由于应用场合的不同，对挂钩的材质、制造工艺也有所区别。一个小小的挂钩背后蕴含着无数材料研发人员的心血、制造人员的汗水。本项目以挂钩为例，应用所学知识，进行挂钩的草图设计绘制。

一、任务分析

挂钩设计图如图 3-18 所示，通过设计图可以判断，该零件形状由多个圆弧形拼接而成。在绘制过程中，我们以部分已知圆弧的圆心为初始点进行圆弧的绘制，然后根据其他圆弧与已知圆弧的位置关系，利用几何约束及尺寸约束进行绘制，最终完成挂钩草图的绘制工作。

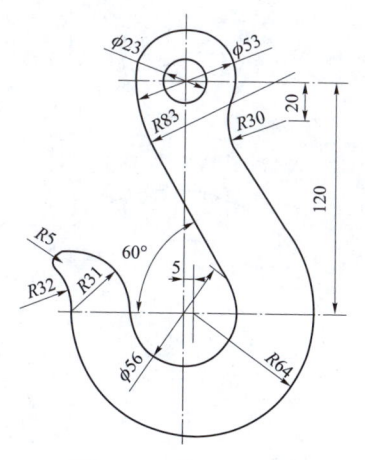

图 3-18 挂钩设计图

二、主要知识点

本任务将学习"圆" ⊙ 工具、"弧" ⌒ 工具、"几何约束" 工具和"尺寸约束" 工具的使用方法和一般操作步骤。

三、实施步骤

步骤一：进入草图绘制界面，单击"草图" 按钮，然后选择依附平面 ，进入草图绘制界面。

步骤二：绘制轴线，单击轮廓工具栏中的"轴" 按钮，然后绘制出大致位置，如图 3-19 所示。

步骤三：约束轴线位置，单击"尺寸约束" 按钮，对轴线进行尺寸约束，如图 3-20 所示。

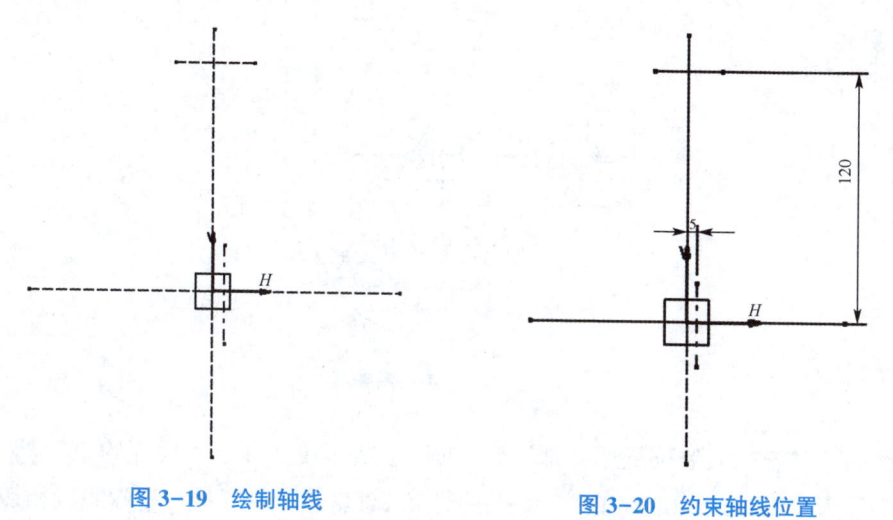

图 3-19 绘制轴线　　图 3-20 约束轴线位置

项目三　草图编辑器　33

步骤四：绘制已知位置圆，单击"圆" ⊙ 按钮，在已知圆心位置画圆，并利用"尺寸约束" 🔲 工具进行标注，如图 3-21 所示。

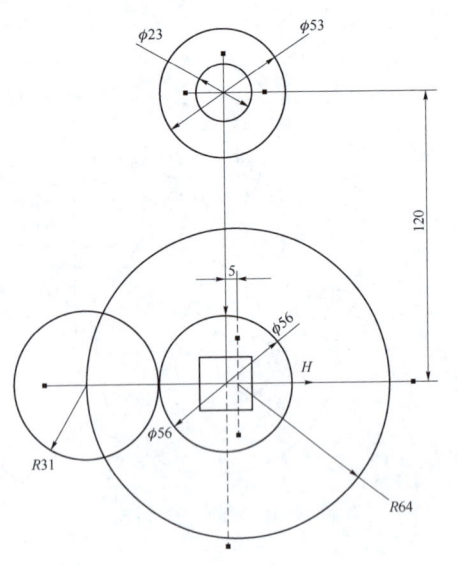

图 3-21 绘制已知位置圆

步骤五：绘制关系线条，从图 3-22 中可以看出，①~⑤均为关系线条。③为半径为 83 mm 的弧线，分别与上端直径为 53 mm 圆弧和下端线段⑤左侧曲线相切；②为半径为 5 mm 的弧线，分别与左端弧线①和右端半径为 31 mm 弧线相切；①为半径为 32 mm 的弧线，分别与上端②和下端半径为 64 mm 的圆弧相切；④为半径为 30 mm 的弧线，分别与上端直径为53 mm圆弧和下端线段⑤右侧曲线相切；⑤为两条相互平行且与水平成 60°的平行线段，上端分别与③和④相切，下端分别与直径为 56 mm 和半径为 64 mm 的圆弧相切。绘制时先绘制①和⑤，再绘制②、③、④。

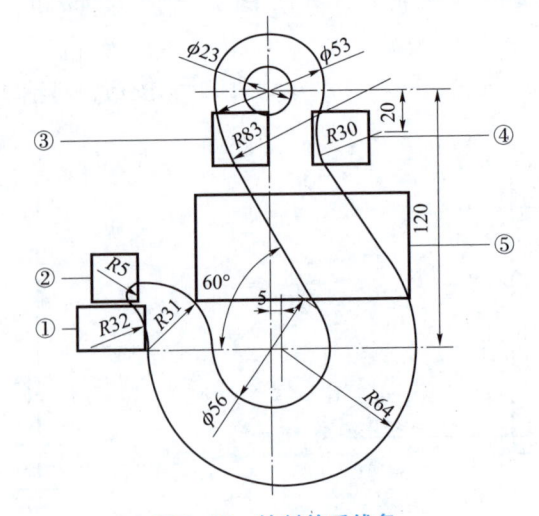

图 3-22 绘制关系线条

绘制③时先在大致位置用"弧" 🔲 工具绘制弧线，再用"尺寸约束" 🔲 工具约束半径为 83 mm，"几何约束" 🔲 工具约束弧线③与上端弧线和下端线段相切。

34 ∎ CATIA V5 逆向设计案例教程

绘制②时用"圆角"⌒工具选中左右两端弧线进行绘制圆角，最后输入对应半径"5 mm"即可。

绘制①时先在大致位置用"弧"⌒工具绘制弧线，再用"尺寸约束"⊡工具约束半径为 32 mm，"几何约束"⊡工具约束弧线①与上端弧线和下端圆弧相切。

绘制④时用"圆角"⌒工具选中上端弧线和下端线段进行绘制圆角，最后输入对应半径"83 mm"即可。

绘制⑤时先在大致位置用"直线"／工具绘制两条线段，再用"尺寸约束"⊡工具让左边线段与水平夹角为 60°，"几何约束"⊡工具约束两条线平行且分别与下方两条弧线相切，如图 3-23 所示。

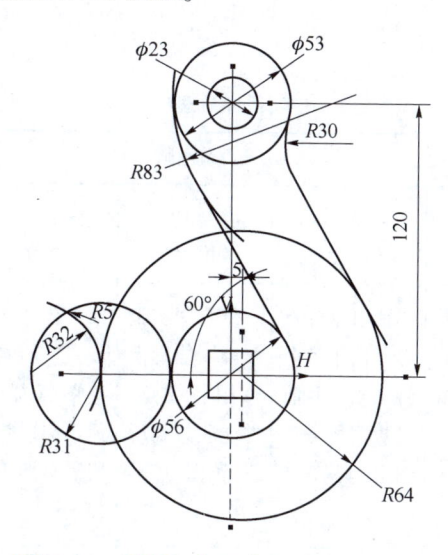

图 3-23　绘制与水平成 60°角的平行线段

步骤六：修剪，用"快速修剪"⌒工具将图中多余线条修剪完成后即完成挂钩草图的绘制，如图 3-24 所示。

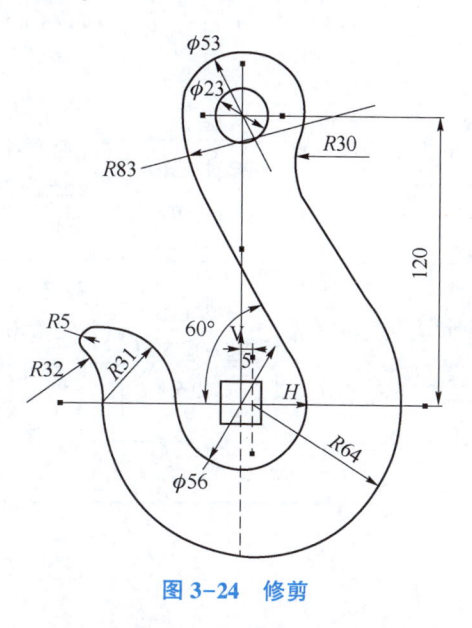

图 3-24　修剪

项目三　草图编辑器　35

项目评价

自主完成"项目实施"后,结合自身情况完成项目评价。

自评分>80分,表示对本项目知识点掌握全面。

自评分60~80分,表示对本项目知识点已经掌握,但是应用能力不够,还需多加练习,提高熟练度。

自评分<60分,表示对本项目知识点掌握程度不够,还需巩固知识点,多加练习,提高熟练度。

项目评价表

评分项	评分细则					自评分
完成时间(20分)	<2 min(20分)	2~3 min(15分)	3~4 min(10分)	4~5 min(5分)	>5 min(0分)	
草图分析能力(20分)	能快速分析出草图中各个特征点,并能快速联想到所需草图工具(20分)	能自主分析出草图中各个特征点,并能联想到所需草图工具(15分)	结合"实施步骤"能看懂草图特征点,并能联想到所需草图工具(10分)	结合"实施步骤"能看懂草图特征点,但不会联想到所需草图工具(5分)	看不懂"实施步骤"中对草图特征点的分析(0分)	
应用"直线""圆""倒圆角"及"快速修剪"等工具(20分)	能快速找到所需工具,并能熟练应用(20分)	能通过查找找到所需工具,并能熟练应用(15分)	能通过查找找到所需工具并能进行应用(10分)	能通过查找找到所需工具,不能熟练应用(5分)	不知道所需工具位置(0分)	
应用"尺寸约束"工具(20分)	熟练(20分)	较熟练(15分)	一般(能回忆起对应知识点)(10分)	较不熟练(需翻看对应知识点介绍)(5分)	不熟练(0分)	
应用"几何约束"工具(20分)	熟练(20分)	较不熟练(15分)	一般(能回忆起对应知识点)(10分)	较不熟练(需翻看对应知识点介绍)(5分)	不熟练(0分)	
总分						

项目检测

（1）用"草图编辑器"绘制如图 3-25 所示的草图 1。

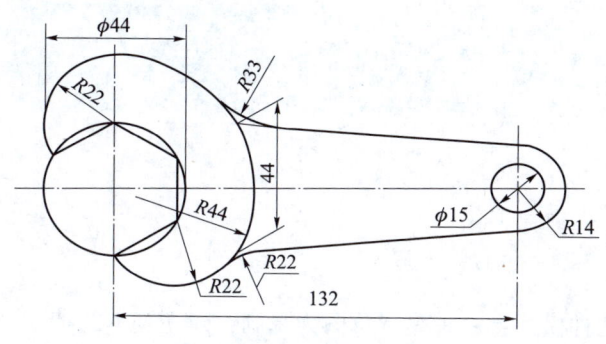

图 3-25　草图 1

（2）用"草图编辑器"绘制如图 3-26 所示的草图 2。

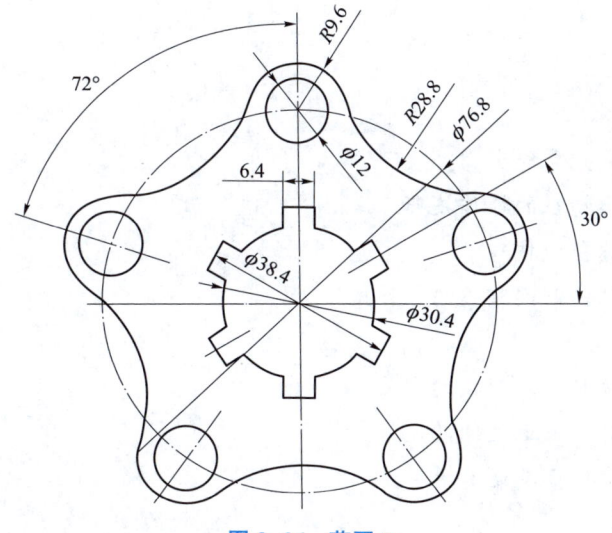

图 3-26　草图 2

项目四 零件设计

项目引入

零件设计有两种模式：一种是以草图为基础，建立基本的特征，在此基础上加以各种修饰和变换，如加强外形设计等，创建复杂实体；另外一种是以基本形体为基础，如立方体、球体等，通过将并、交、差等布尔运算相组合，生成最终实体零件。

学习目标

技能目标

(1) 提高空间想象能力。
(2) 掌握各类特征的操作技巧。
(3) 掌握实体变换技巧。
(4) 掌握实体与曲面相关的操作技巧。

知识目标

(1) 掌握实体特征、变换的含义。
(2) 掌握实体与曲面之间的关系。
(3) 掌握实体的逻辑运算。

素养目标

(1) 培养灵活多变以提高工作效率的思维方式。
(2) 培养敢于积极尝试的能力。

知识链接

知识点一 认识零件设计

CATIA V5 的零件设计是指根据零件设计意图，在完成草图轮廓设计的基础上，运用实体设计工作台内各种工具（如拉伸、抽壳、拔模等）来完成零件精准三维建模的一个过程。因此在零件设计过程中通常需要实体设计、草图设计两个工作台结合使用。

知识点二 了解零件设计及操作流程

一、进入"零件设计"模块

选择"开始"→"机械设计"→"零件设计"命令，进入"零件设计"模块，如图 4-1 所示。

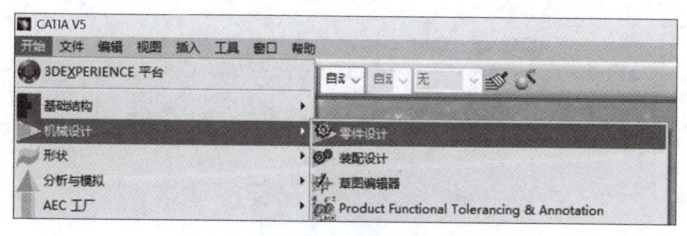

图 4-1 进入"零件设计"模块

二、零件设计工作台界面展示

零件设计工作台界面如图 4-2 所示。

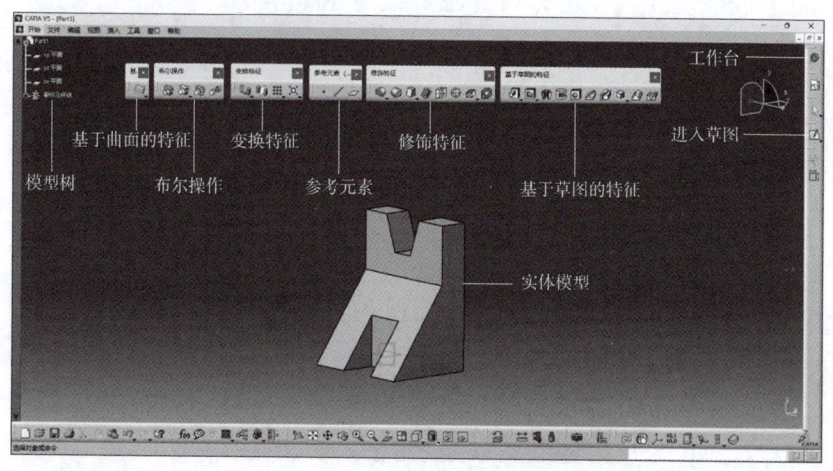

图 4-2 零件设计工作台界面

三、零件设计流程

① 选择基准面后，单击"草图" 按钮，进入草图工作台。
② 绘制零件主体草图，如图 4-3 所示。

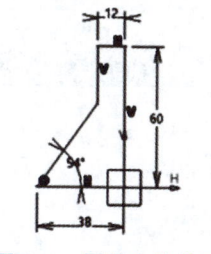

图 4-3 零件主体草图

③ 完成零件主体基于草图特征的构建，如图4-4所示。

图4-4　零件主体基于草图特征的构建

④ 通过拉伸、抽壳、拔模等动作完成修饰特征，如图4-5所示。

图4-5　特征修饰完成后的零件

知识点三　熟悉零件设计常用工具

一、"基于草图的特征"工具栏

"基于草图的特征"工具栏如图4-6所示。

图4-6　"基于草图的特征"工具栏

1. "凸台"工具栏

"凸台"工具栏如图4-7所示，"凸台"工具栏中各图标及对应名称和功能如表4-1所示。

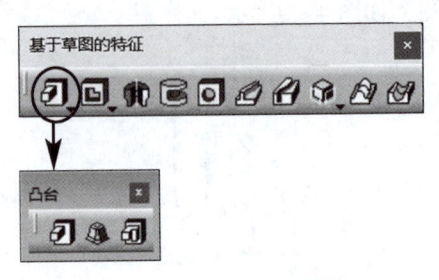

图4-7　"凸台"工具栏

40　■　CATIA V5 逆向设计案例教程

表 4-1 "凸台"工具栏中各图标及对应名称和功能

图标	名称	功能
	拉伸凸台	对选取的轮廓或者曲面在一个方向上进行拉伸，形成实体
	拔模圆角凸台	拉伸凸台的同时可以设定凸台部分的拔模角、圆角
	多轮廓拉伸凸台	给各封闭轮廓指定不同的拉伸高度

（1）拉伸凸台 。

单击拉伸凸台工具按钮台会弹出"定义凸台"对话框，通过设定"定义凸台"对话框中的限制条件可以得到所需要的拉伸模型。如果需要多个限制条件，则在"定义凸台"对话框中单击"更多"按钮可显示更多限制条件编辑栏，设置完成各限制条件后，单击"确定"按钮即可完成草图的拉伸，如图 4-8 所示。"定义凸台"对话框中各限制条件含义如图 4-9 所示。

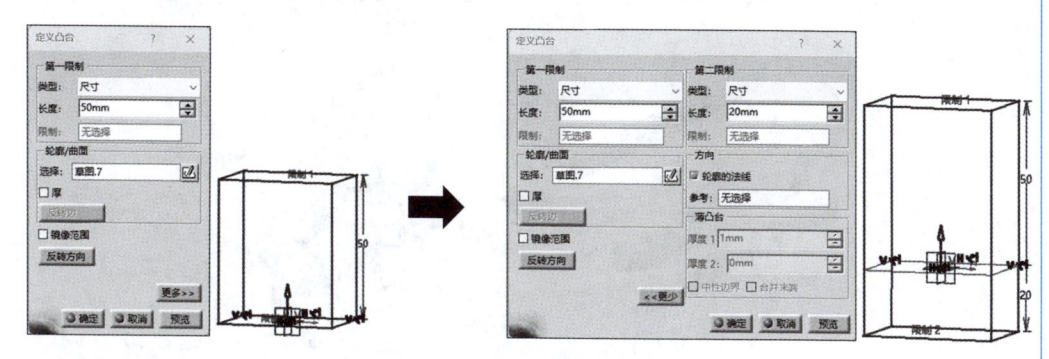

图 4-8 拉伸凸台工具的使用

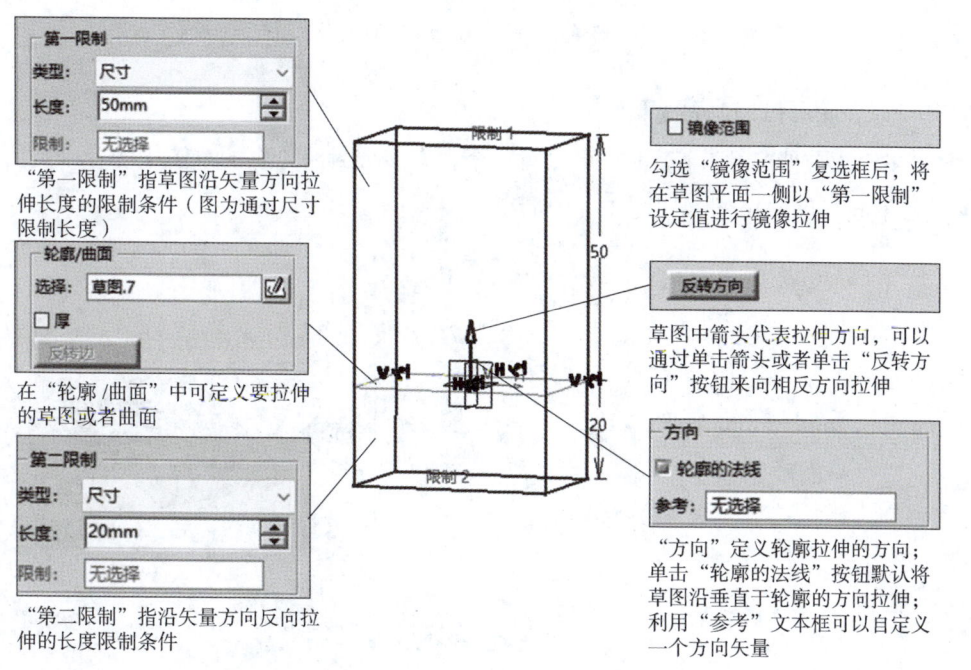

"第一限制"指草图沿矢量方向拉伸长度的限制条件（图为通过尺寸限制长度）

在"轮廓/曲面"中可定义要拉伸的草图或者曲面

"第二限制"指沿矢量方向反向拉伸的长度限制条件

勾选"镜像范围"复选框后，将在草图平面一侧以"第一限制"设定值进行镜像拉伸

草图中箭头代表拉伸方向，可以通过单击箭头或者单击"反转方向"按钮来向相反方向拉伸

"方向"定义轮廓拉伸的方向；单击"轮廓的法线"按钮默认将草图沿垂直于轮廓的方向拉伸；利用"参考"文本框可以自定义一个方向矢量

图 4-9 "定义凸台"对话框中各限制条件含义

项目四 零件设计 41

"拉伸凸台"工具的限制类型除了我们常用的尺寸，还有"直到下一个""直到最后""直到平面""直到曲面"对应效果如图 4-10（c）中①~④所示，⑤为"直到曲面"并按照草图进行尺寸偏移。"拉伸凸台"工具的限制类型及对应效果如图 4-10 所示。

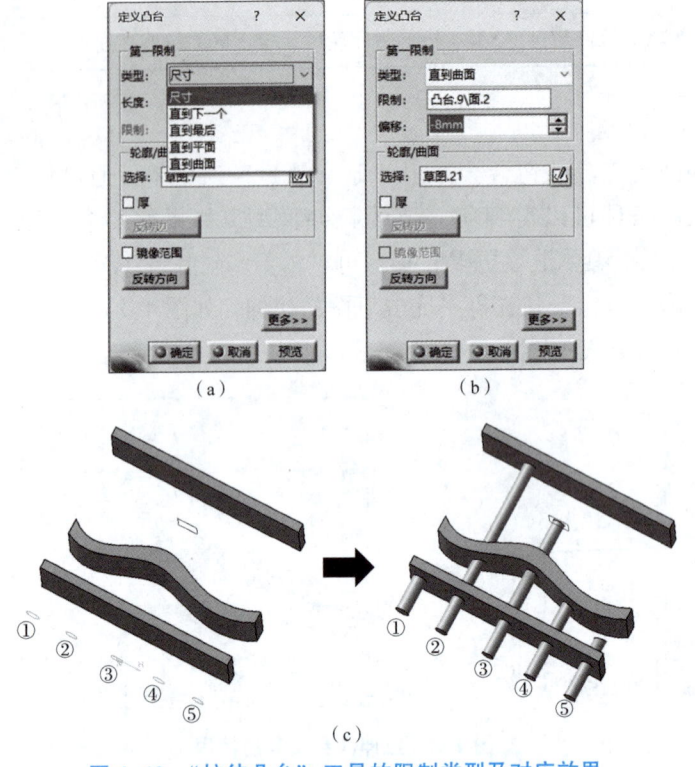

图 4-10 "拉伸凸台"工具的限制类型及对应效果

（a）限制类型；（b）选择"直到曲面"选项；（c）各限制类型对应效果

(2) 多轮廓拉伸凸台 。

"多轮廓拉伸凸台" 工具可以对一个含有多个封闭轮廓的草图中的各个封闭轮廓进行不同高度的拉伸，如图 4-11 所示。

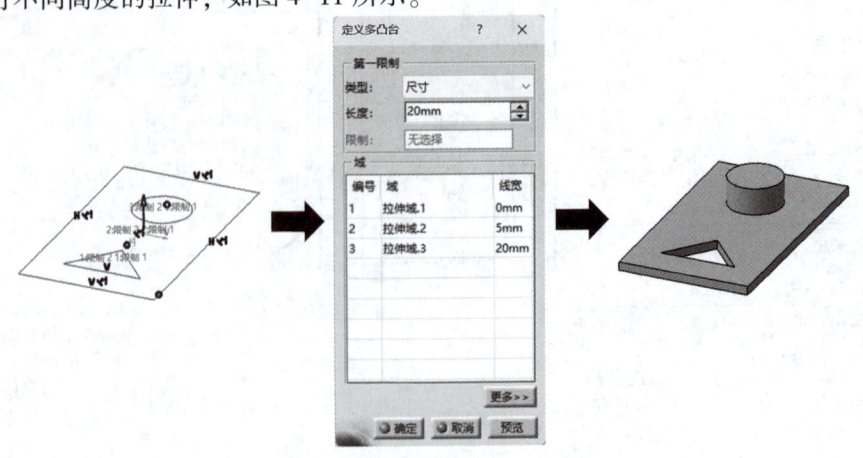

图 4-11 "多轮廓拉伸凸台"工具的使用

42 ■ CATIA V5 逆向设计案例教程

2. "凹槽"工具栏

"凹槽"工具栏如图 4-12 所示,"凹槽"工具栏中各图标及对应名称和功能如表 4-2 所示。

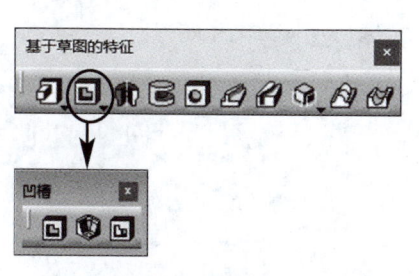

图 4-12 "凹槽"工具栏

表 4-2 "凹槽"工具栏中各图标及对应名称和功能

图标	名称	功能
	拉伸凹槽	对已有实体进行除料
	拔模圆角凹槽	拉伸凹槽的同时设定凹槽部分的拔模角、圆角
	多轮廓拉伸凹槽	给各封闭轮廓指定不同的凹槽高度

3. 旋转体、旋转槽

通过对截面草图轮廓的旋转,生成和除去实体。

(1) 旋转体。

利用"旋转体"工具生成实体,如图 4-13 所示。

图 4-13 利用"旋转体"工具生成实体

(2) 旋转槽。

利用"旋转槽"工具生成实体,如图 4-14 所示。

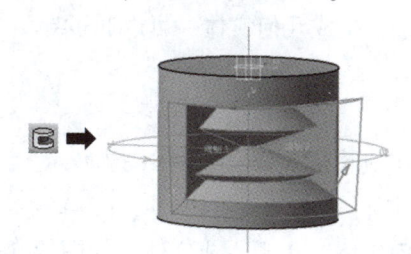

图 4-14 利用"旋转槽"工具生成实体

项目四 零件设计 43

4. 肋、开槽

通过对截面草图轮廓沿某一曲线的扫掠，生成和除去实体。

（1）肋。

利用"肋"工具生成实体，如图 4-15 所示。

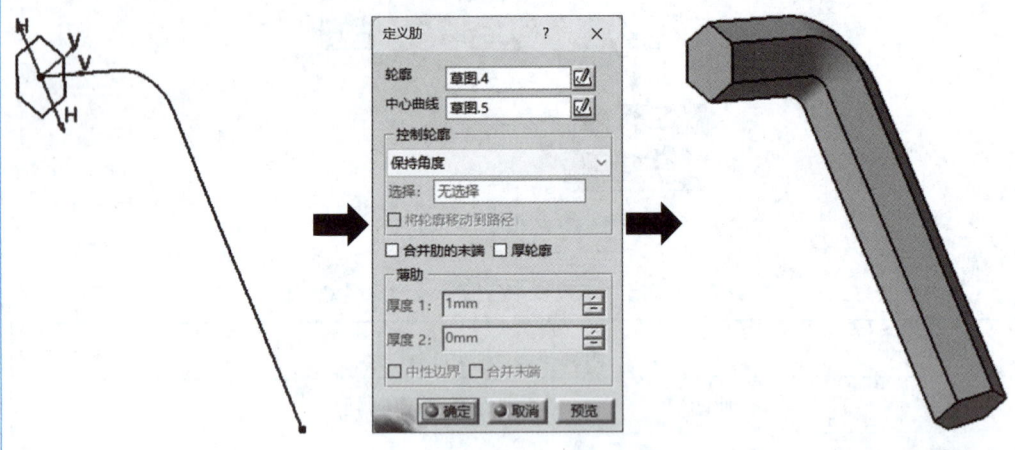

图 4-15　利用"肋"工具生成实体

（2）开槽。

利用"开槽"工具生成实体，如图 4-16 所示。

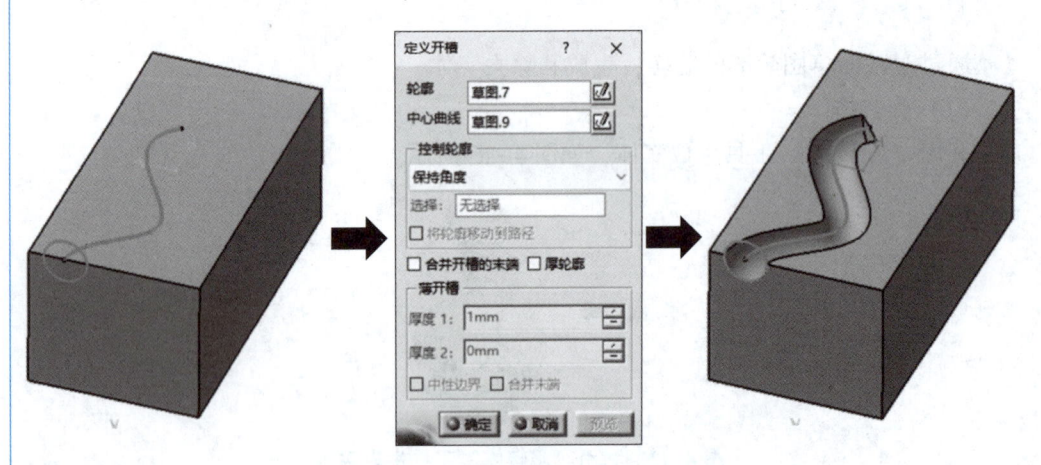

图 4-16　利用"开槽"工具生成实体

5. 多截面实体、已移除的多截面实体

通过多个截面的连续过渡生成几何实体。可以通过导引线、脊线、耦合方式来控制过渡形式。

（1）多截面实体。

利用"多截面实体"工具生成实体，如图 4-17 所示。

（2）已移除的多截面实体。

利用"已移除的多截面实体"工具生成实体，如图 4-18 所示。

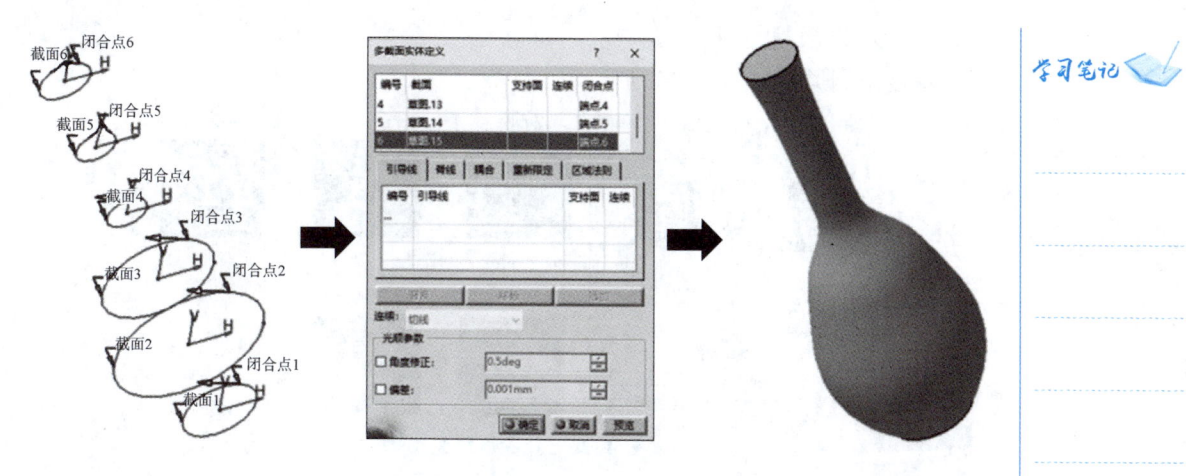

图 4-17 利用"多截面实体"工具生成实体

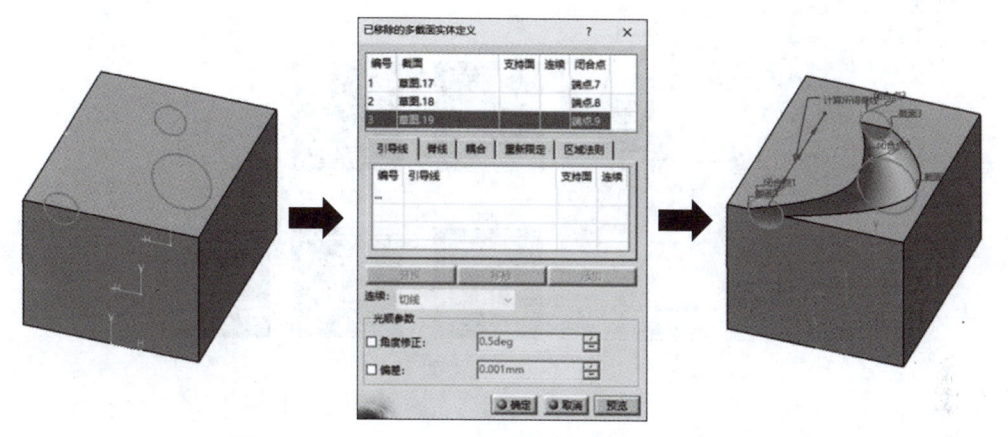

图 4-18 利用"已移除的多截面实体"工具生成实体

6. 孔

"孔"工具用来在实体上配制各种孔。单击"孔"工具按钮后,在弹出的"定义孔"对话框中的"扩展""类型""定义螺纹"3个选项卡里可以定义相关参数,以确定孔深度、孔类型和孔内螺纹,如图 4-19 所示。

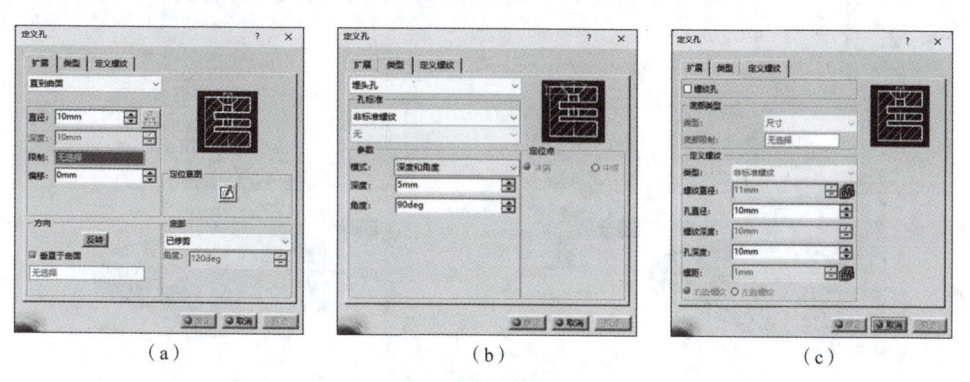

(a)   (b)   (c)

图 4-19 利用"孔"工具确定孔深度、孔类型和孔内螺纹
(a) 孔深度;(b) 孔类型;(c) 孔内螺纹

项目四 零件设计   45

(1) 孔深度限制类型。

孔深度限制类型如图 4-20 所示。

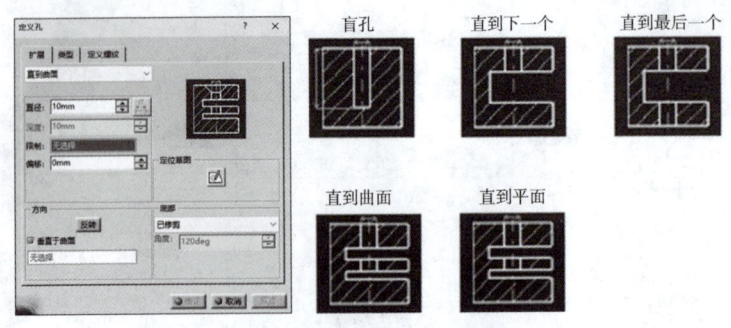

图 4-20 孔深度限制类型

(2) 孔类型。

孔类型如图 4-21 所示。

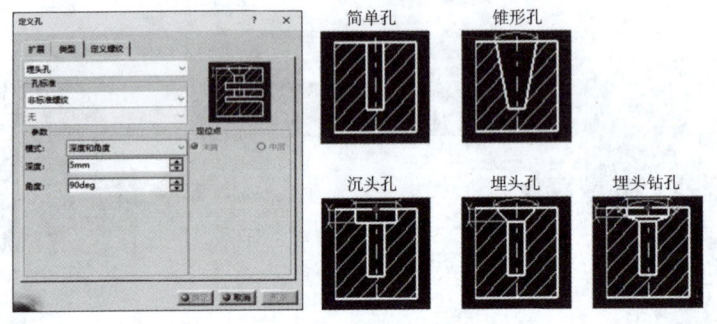

图 4-21 孔类型

(3) 孔位置。

孔位置可以通过鼠标点选确定，也可以在孔设置完成后，通过单击"定义孔"对话框中"定位草图"选项区域的"草图"按钮进入草图工作台通过约束功能来定位孔心位置。

7. 加强肋

"加强肋"工具主要是通过对一个轮廓进行拉伸来完成实体零件的加强肋创建，如图 4-22 所示。

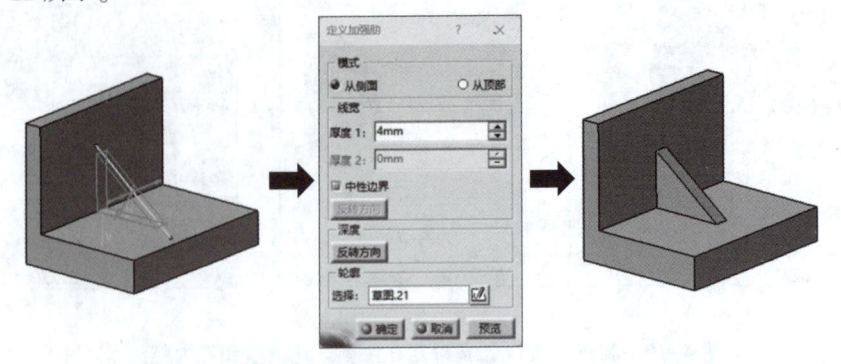

图 4-22 利用"加强肋"工具完成实体零件的加强肋创建

二、"参考元素"工具栏

通常在制作一些复杂模型的时候需要建立类似绘制二维平面图时辅助线作用的元素，我们称之为参考基准。参考基准包括点、线、面，如图4-23所示。

图4-23 "参考元素"工具栏

1. 参考点

参考点的定义方式很多，"参考点"工具的"点定义"对话框中"点类型"选项包括"坐标""曲线上""平面上""曲面上""圆心""曲线上的切线""之间"几种选项，如图4-24所示。参考点在曲面设计工作中会大量使用，其定义方法建议熟练掌握。

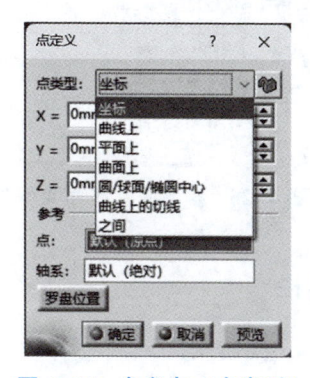

图4-24 参考点"点类型"

2. 参考直线

参考直线可以作为边线使用，也可以作为轴或者矢量方向使用。"参考直线"工具的"直线定义"对话框中"线型"选项包括"点-点""点-方向""曲线的角度/法线""曲线的切线""曲线的法线""角平分线"几种选项，如图4-25所示。

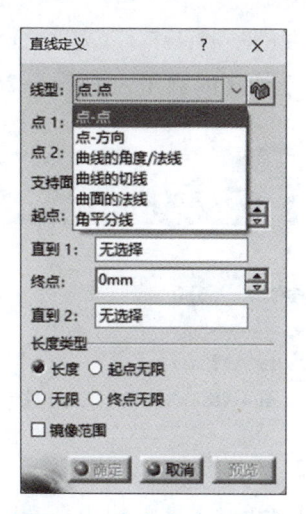

图4-25 参考直线"线型"

项目四 零件设计 47

3. 参考面

参考面在实体设计中通常用作草图的支持面。"参考面"工具的"平面定义"对话框中"平面类型"选项包括"偏移平面""平行通过点""与平面成一定角度或垂直""通过三个点""通过两条直线""通过点和直线""通过平面曲线""曲线的法线""曲面的切线""方程式""平均通过点""之间"几种选项,如图4-26所示。

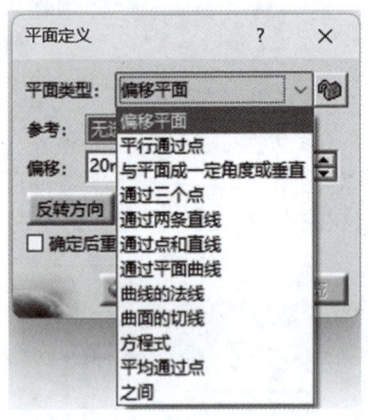

图 4-26 参考面"平面类型"

三、"修饰特征"工具栏

"修饰特征"工具栏如图 4-27 所示。

图 4-27 "修饰特征"工具栏

1. "圆角"工具栏

"圆角"是使锐边光滑过渡的一种工具。CATIA V5 中圆角有 3 种过渡方式,分别是倒圆角、面与面的圆角、三切线内圆角,如图 4-28 所示。

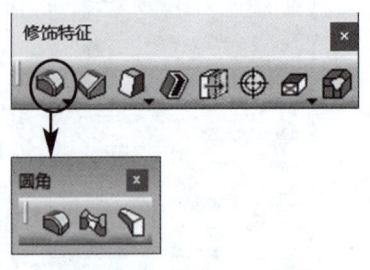

图 4-28 "圆角"工具栏

(1) 倒圆角。

利用"倒圆角"工具使锐边光滑过渡,如图 4-29 所示。

图 4-29 利用"倒圆角"工具使锐边光滑过度

(2) 面与面的圆角 。

利用"面与面的圆角"工具使面与面间锐边光滑过度，如图 4-30 所示。

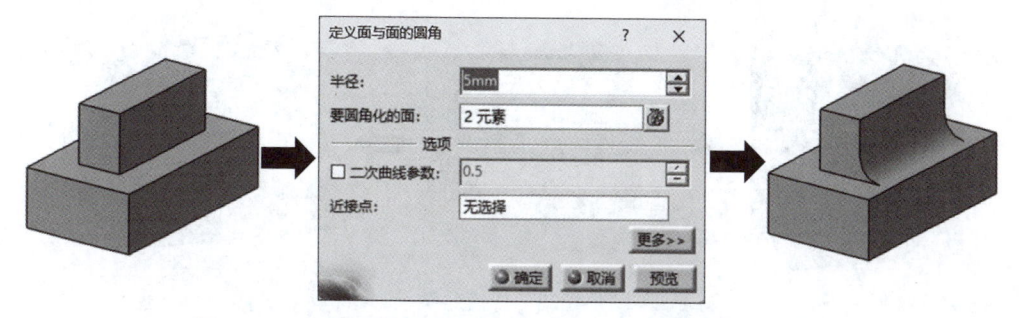

图 4-30 利用"面与面的圆角"工具使面与面间锐边光滑过度

(3) 三切线内圆角 。

利用"三切线内圆角"工具的修饰效果，如图 4-31 所示。

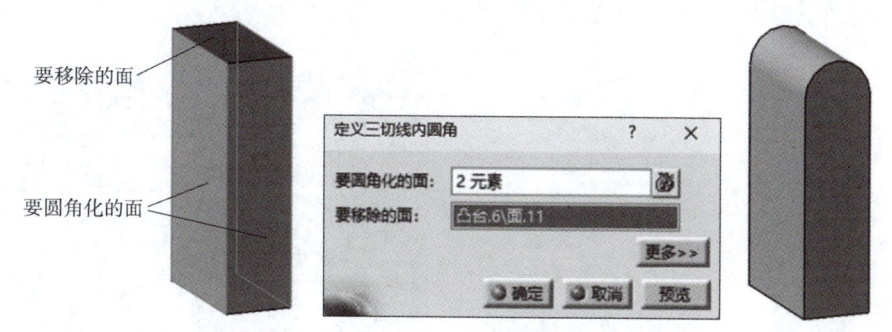

图 4-31 利用"三切线内圆角"工具的修饰效果

2. 倒角

"倒角"工具可对直角棱边进行切割，使其形成两个钝角。CATIA V5 中可以根据倒角角度及倒角长度定义倒角。

3. 拔模

"拔模"工具可使侧壁与底面具有倾斜角度，添加拔模特征是为了使零件容易从模具中取出，如图 4-32，图 4-33 所示。

项目四　零件设计　49

图 4-32 定义拔模

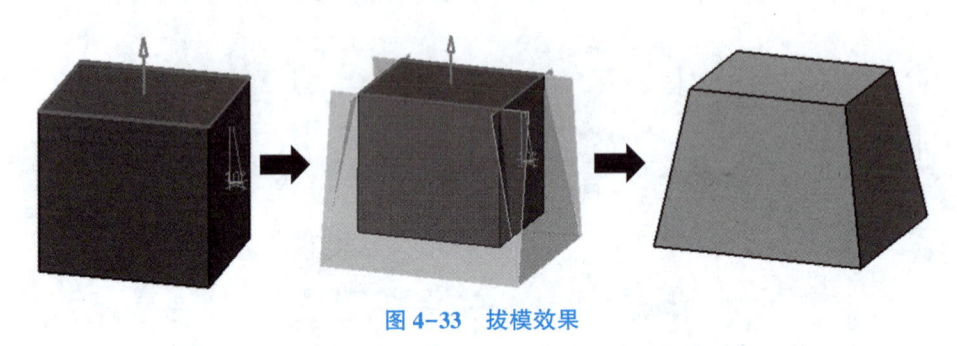

图 4-33 拔模效果

4. 抽壳

"抽壳"工具可以把实心零件变为空心零件，同时去除不需要的表面，并对壳体表面进行厚度赋值，如图 4-34，图 4-35 所示。

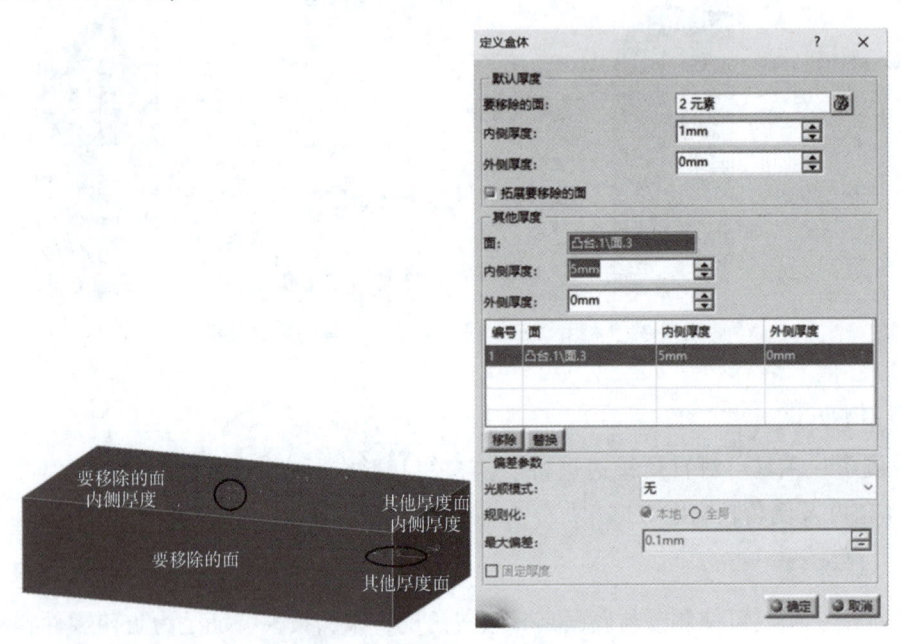

图 4-34 "抽壳"工具的使用

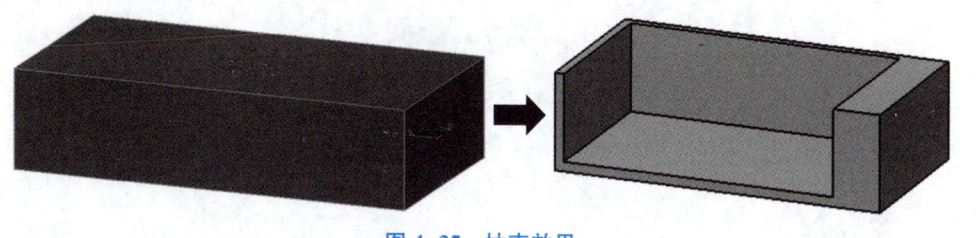

图 4-35 抽壳效果

5. 厚度

使用"厚度"工具可在不改变实体基本轮廓的前提下,增大或者减小实体不同表面的厚度值,如图 4-36 所示。

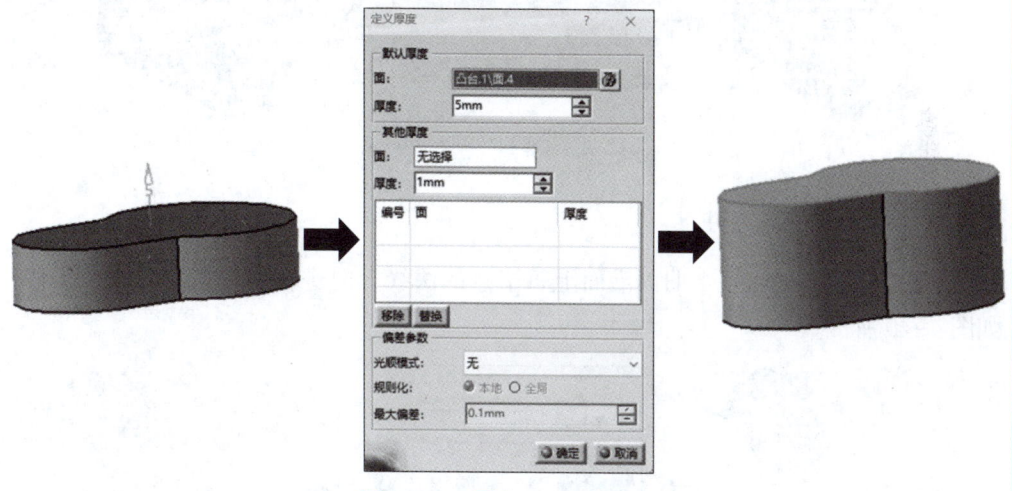

图 4-36 "厚度"工具的使用

6. 移除面

使用"移除面"工具可以移除复杂的面,使零件显露出它的整体轮廓外形,如图 4-37 所示。

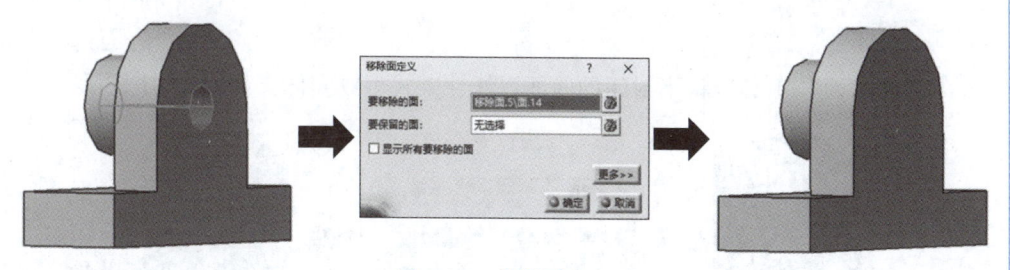

图 4-37 移除面定义

四、"基于曲面的特征"工具栏

相对于基于草图的特征,基于曲面的特征是指以曲面作为基础来构建实体特征,或者用曲面对实体进行修改的一种方法。基于曲面的特征工具有 4 个:分割、增厚、封闭曲面、缝合曲面,如图 4-38 所示。

图 4-38 "基于曲面的特征"工具栏

1. 分割

"分割"工具能通过一个曲面切除与其相交的某指定部分实体，如图 4-39 所示。

图 4-39 "分割"工具的使用

2. 增厚

"增厚"工具能将一个曲面沿面上每个点的法线方向进行增厚，形成一个实体，如图 4-40 所示。

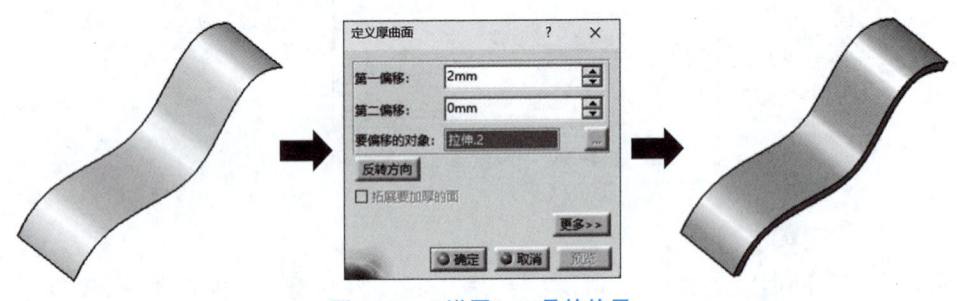

图 4-40 "增厚"工具的使用

3. 封闭曲面

"封闭曲面"工具能将不封闭的曲面以线性方式生成实体，如图 4-41 所示。

图 4-41 "封闭曲面"工具的使用

五、"变换特征"工具栏

变换特征就是通过对称、旋转、缩放等操作得到的特征。变换特征的操作又叫特征变换，主要包括平移、对称、旋转、镜像、阵列、比例缩放操作，这些操作能够减少设计过程中的重复性劳动，提高设计效率。"变换特征"工具栏如图 4-42 所示。

图 4-42 "变换特征"工具栏

1. 变换

单击"平移"下拉按钮，弹出"变换"工具栏，如图 4-43 所示。

图 4-43 "变换"工具栏

（1）平移 。

"平移"工具能使特征沿特定方向移动一定距离，如图 4-44 所示。

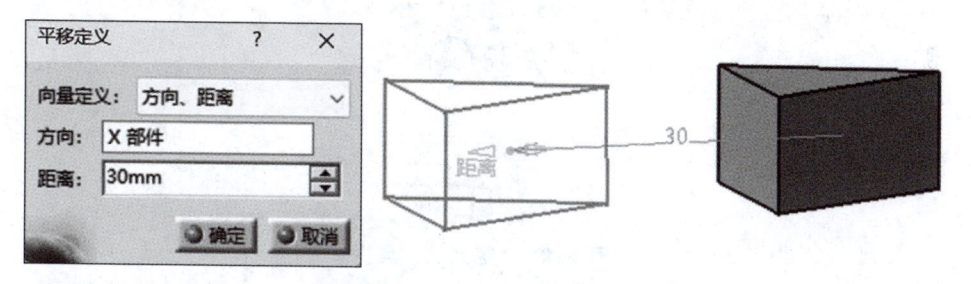

图 4-44 使用"平移"工具

（2）旋转 。

"旋转"工具能使特征沿轴线旋转一定角度，如图 4-45 所示。

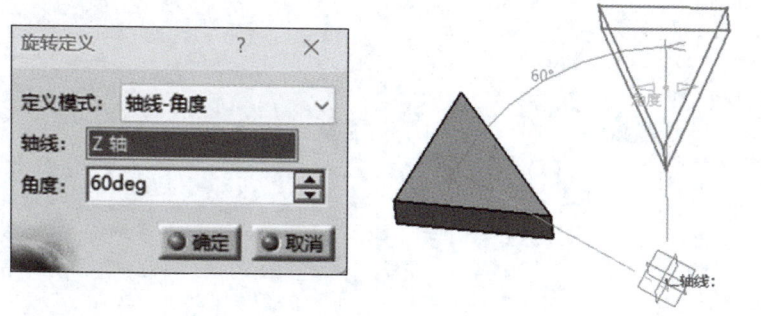

图 4-45 使用"旋转"工具

项目四 零件设计 53

(3) 对称 🔧。

"对称"工具能使特征根据某一平面进行对称移动，如图4-46所示。

图4-46 使用"对称"工具

(4) 镜像 🔧。

"镜像"工具能根据某一平面镜像一个特征，如图4-47所示。

图4-47 使用"镜像"工具

2. "阵列"工具栏

"阵列"工具能根据某一个条件（间距、方向、角度）大量复制特征，最终得到一个特征阵列。"阵列"工具栏如图4-48所示。

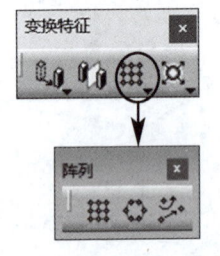

图4-48 "陈列"工具栏

(1) 矩形阵列。

"矩形阵列"工具的使用如图4-49所示。

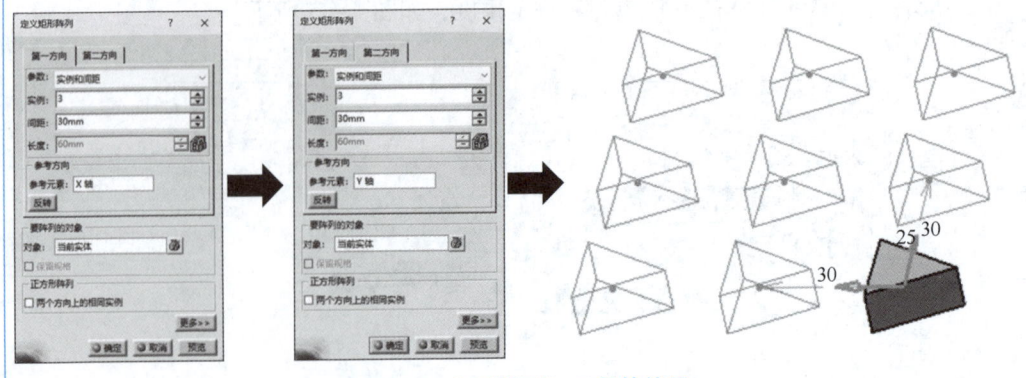

图4-49 "矩形阵列"工具的使用

54 ■ CATIA V5 逆向设计案例教程

（2）环形阵列 ⬡。

"环形阵列"工具的使用如图 4-50 所示。

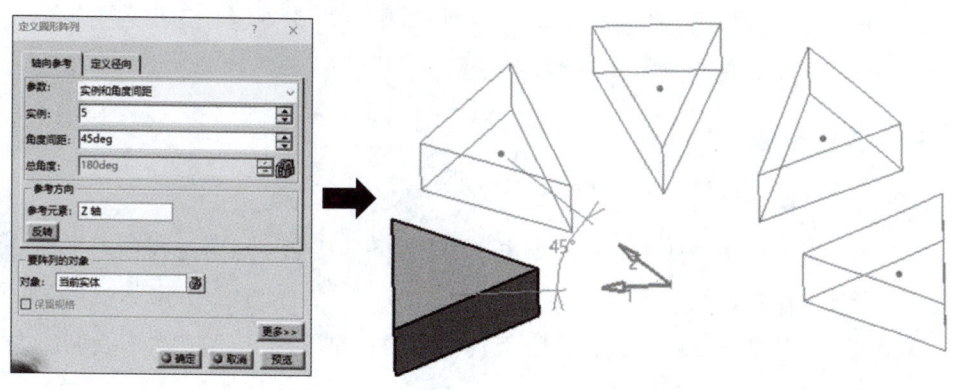

图 4-50 "环形阵列"工具的使用

项目实施

零件设计实例——Y 形连接接头

Y 形连接接头在气缸、刹车连杆等装置中应用普遍，它可以根据使用环境的不同，在外形及结构上做出适当的改变。一个不起眼的 Y 形连接接头的多变性和适配性体现出机械设计者丰富而扎实的专业知识和灵活变通的能力。本项目以 Y 形连接接头为例，应用以上所学知识，进行 Y 形连接接头的零件设计。

一、任务分析

某种型号的 Y 形连接接头如图 4-51 所示，通过分析，该零件可看作首先由俯视图轮廓经过"凸台"工具处理，其次在主视图面上利用"凹槽"工具去除多余实体，再次用"倒圆角"工具去除部分实体，最后用"倒角"工具进行倒角而完成的零件设计工作。

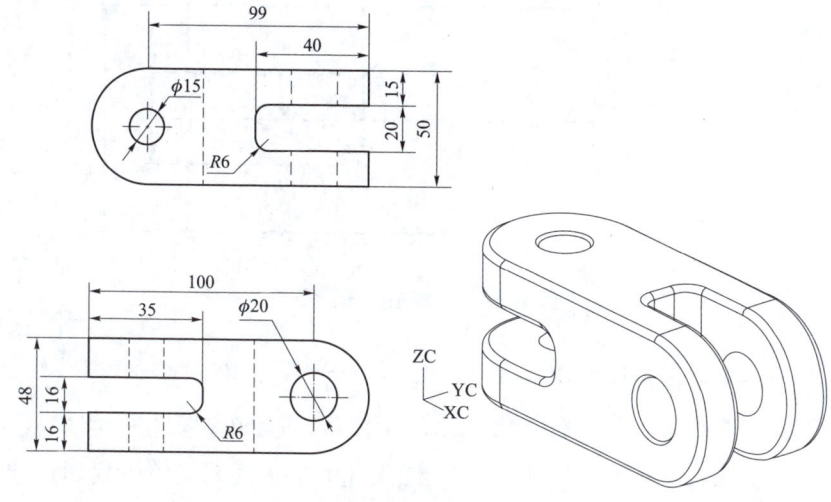

图 4-51 某种型号的 Y 形连接接头

项目四 零件设计 55

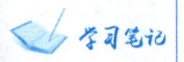

二、主要知识点

本任务学习"拉伸凸台" 🗗 工具、"拉伸凹槽" 🗖 工具、"三切线内圆角" 🗗 工具、"倒角" 🗗 工具的使用方法和操作步骤。

三、实施步骤

任务一：草图设计

步骤一：进入草图设计工作台。单击"草图" 🗗 按钮，然后选择依附平面 🗗，进入草图设计工作台。

步骤二：绘制轴线。单击"轮廓"工具栏中的"轴" 🗗 按钮，然后绘制出大致位置，如图 4-52 所示。

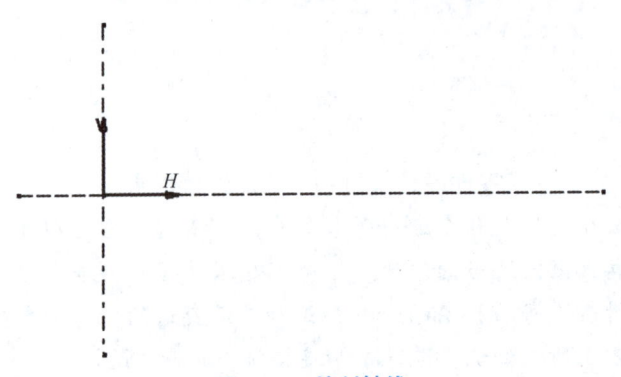

图 4-52 绘制轴线

步骤三：绘制主视图草图。利用草图设计相关工具，参照主视图绘制草图，如图 4-53 所示。

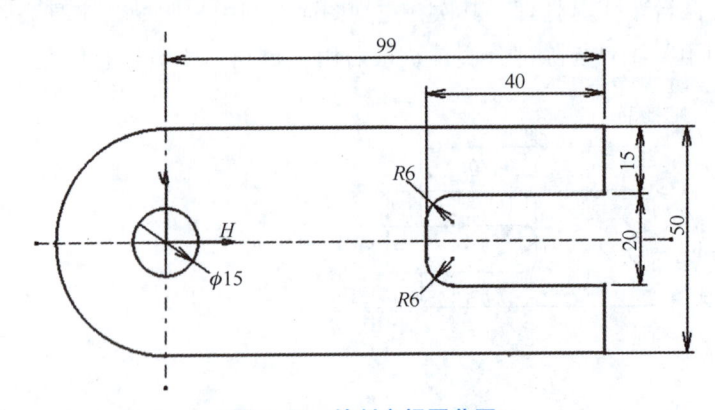

图 4-53 绘制主视图草图

任务二：基于草图特征构建主体

步骤四：拉伸凸台，单击右上角"退出工作台" 🗗 按钮退出草图设计工作台，进入零件设计工作台。单击"拉伸凸台" 🗗 按钮，从主视图尺寸中找到拉伸凸台尺寸 48 mm，得到拉伸凸台，如图 4-54 所示。

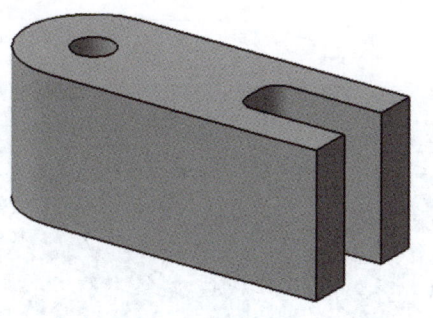

图 4-54 拉伸凸台

步骤五：去除多余实体，单击"三切线内圆角"按钮，在主视图右侧 Y 形结构处进行圆角修饰，如图 4-55 所示。

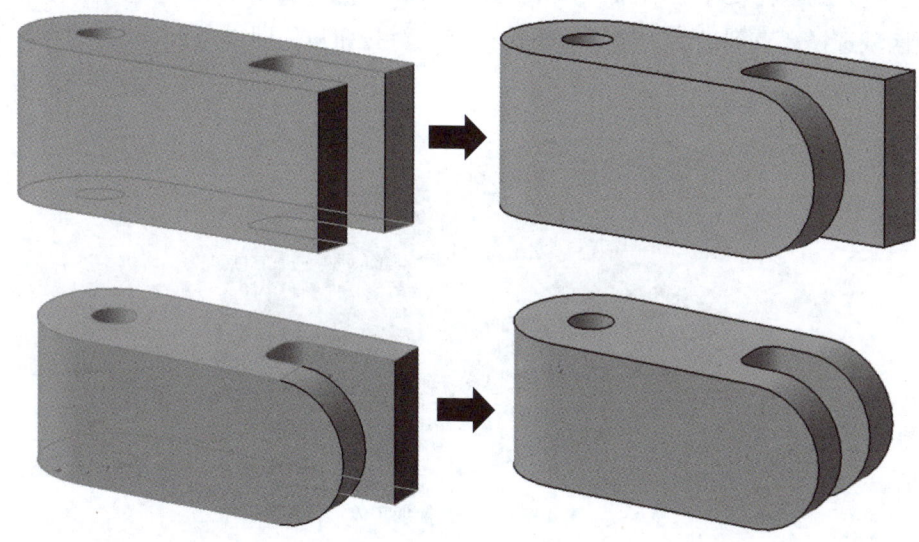

图 4-55 去除多余实体

步骤六：草图编辑实体去除轮廓。选择主视图实体，如图 4-56 所示，单击"草图"按钮，进入草图工作台。在主视图实体面上绘制出相应轮廓，如图 4-57 所示。

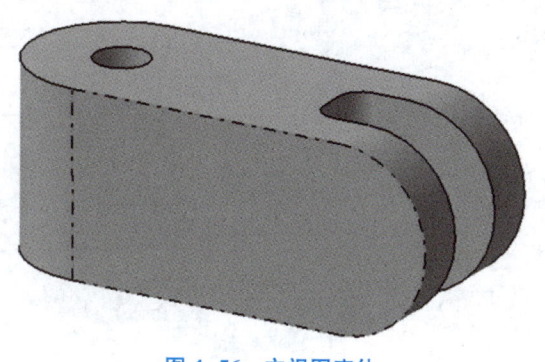

图 4-56 主视图实体

项目四 零件设计 57

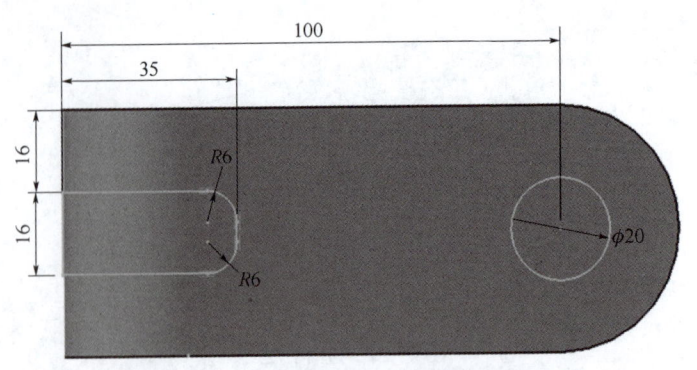

图 4-57　在主视图实体面上绘制出相应轮廓

步骤七：去除多余实体。单击右上角"退出工作台" 按钮，退出草图设计工作台，进入到零件设计工作台。单击"拉深凹槽" 按钮，弹出对话框的"类型"选项区域选择"直到最后"选项，单击"确定"按钮后，即得到大致零件形状，如图 4-58 所示。

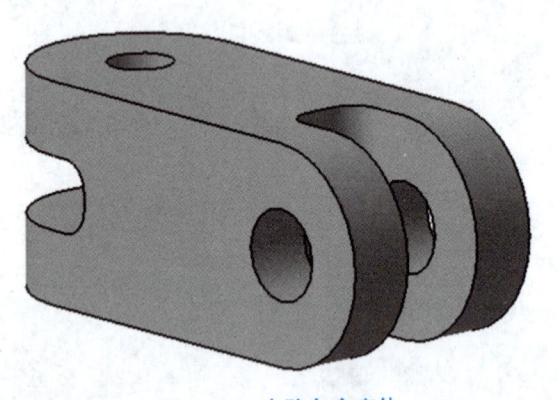

图 4-58　去除多余实体

任务三：修饰特征

步骤八：倒角。使用"倒角" 工具对零件进行倒角修饰，完成零件设计，如图 4-59 所示。

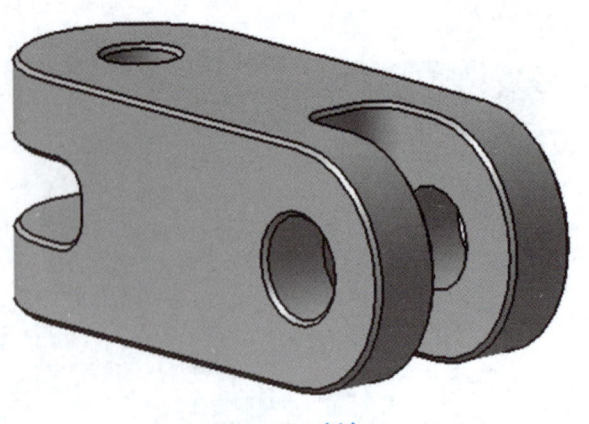

图 4-59　倒角

58　CATIA V5 逆向设计案例教程

项目评价

自主完成"项目实施"后,结合自身情况完成项目评价。

自评分>80分,表示对本项目知识点掌握全面。

自评分60~80分,表示对本项目知识点已经掌握,但是应用能力不够,还需多加练习,提高熟练度。

自评分<60分,表示对本项目知识点掌握程度不够,还需巩固知识点,多加练习,提高熟练度。

评分项	评分细则					自评分
完成时间(20分)	<5 min(20分)	5~7 min(15分)	7~10 min(10分)	10~15 min(5分)	>15 min(0分)	
零件分析能力(20分)	能快速分析出零件中各个特征点,并能快速联想到所需零件工具(20分)	能自主分析出零件中各个特征点,并能联想到所需零件工具(15分)	结合"实施步骤"能看懂零件特征点,并能联想到所需零件工具(10分)	结合"实施步骤"能看懂零件特征点,但不会联想到所需零件工具(5分)	看不懂"实施步骤"中零件特征点分析(0分)	
应用"拉伸凸台""拉伸凹槽""三切线内圆角""倒角"等工具(20分)	快速找到所需工具,并能熟练应用(20分)	能通过查找找到所需工具,并能熟练应用(15分)	能通过查找找到所需工具并进行应用(10分)	能通过查找到所需工具,不能熟练应用(5分)	不知道所需工具在哪(0分)	
应用"草图编辑器"模块(20分)	熟练(20分)	较熟练(15分)	一般(能回忆起)(10分)	较不熟练(需翻看对应知识点介绍)(5分)	不熟练(0分)	
应用"零件设计"模块(20分)	熟练(20分)	较熟练(15分)	一般(能回忆起)(10分)	较不熟练(需翻看对应知识点介绍)(5分)	不熟练(0分)	
总分						

项目检测

（1）用"零件设计"模块绘制如图 4-60 所示零件图 1。

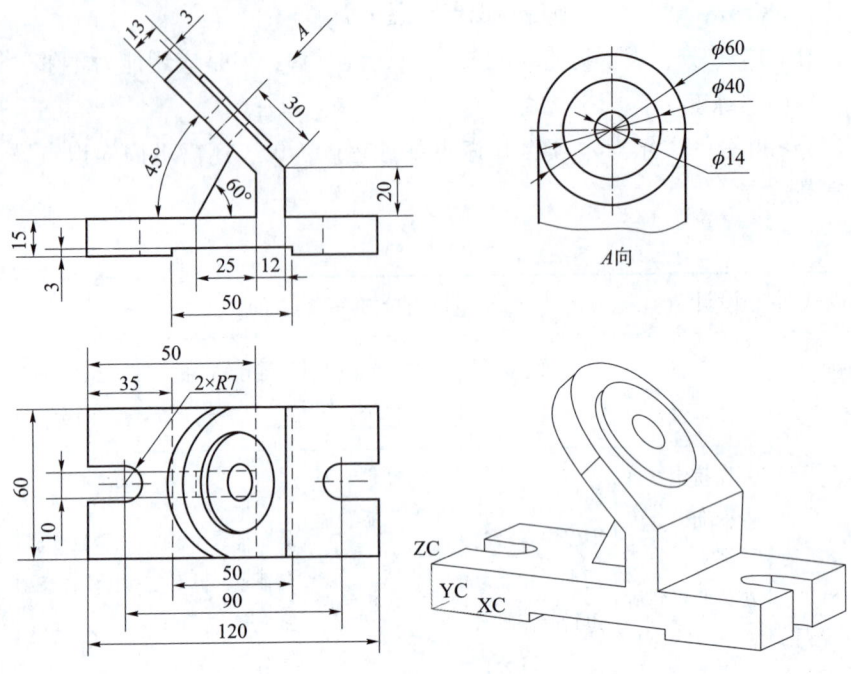

图 4-60　零件图 1

（2）用"零件设计"模块绘制如图 4-61 所示零件图 2。

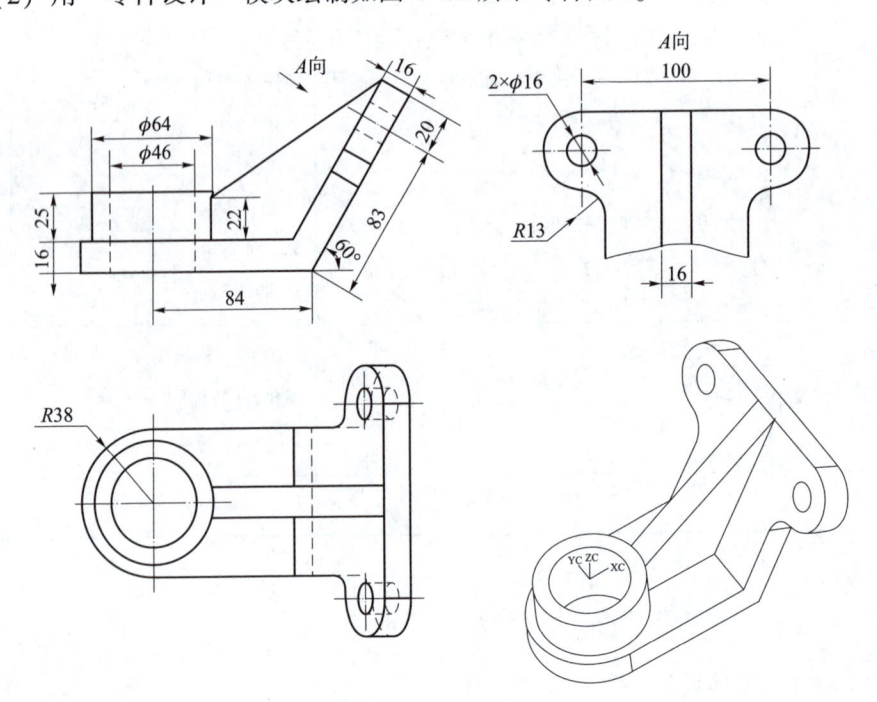

图 4-61　零件图 2

项目五　创成式外形设计

项目引入

创成式外形设计（Generative Shape Design，GSD）模块是线框和曲面造型功能的组合，包含一整套应用广泛、功能强大、使用方便的工具集，能建立和修改复杂外形设计所需的各种曲面。创成式外形设计是一种基于特征的设计方法，采用全相关技术，在设计过程中能有效捕捉设计者的设计意图，极大提高了设计质量与设计效率，并为后续设计更改提供了强有力的技术支持。GSD 模块在汽车行业应用非常广泛，汽车的车身、内外饰、底盘件等多个部分都需要使用该模块进行设计。

学习目标

技能目标
（1）提高空间想象能力。
（2）掌握"线框"工具栏中工具的操作技巧。
（3）掌握"曲面"工具栏中工具的操作技巧。
（4）掌握"操作"工具栏中工具的操作技巧。

知识目标
（1）掌握"线框"工具栏中各种选项含义。
（2）掌握"曲面"工具栏中各种选项含义。
（3）掌握"操作"工具栏中各种选项含义。

素养目标
（1）培养由简入繁分析问题的思路。
（2）培养由表及里分析问题的思维方式。

知识链接

知识点一　认识曲面与实体的区别

曲面设计与实体设计的本质区别在于，曲面设计的结果是物体的表面，它是几何意义上的面，没有厚度；而实体设计的结果是体。对于设计来讲，设计的最终目的是设计出三维空间中的实体。例如，哪怕一个薄板只有 0.01 m，从空间上讲它仍然是体而不是面。因此，曲面设计最终仍要通过某些方法将设计出的面形成体。这些方法主要包括对封闭面的填充形成体、对一个面进行增厚形成薄壳体，以及类似于零件设计中的对面进行拉伸、旋转形成体。

知识点二 了解创成式外形设计及操作流程

一、进入创成式外形设计模块

单击"开始"→"形状"→"创成式外形设计"命令，如图 5-1 所示。

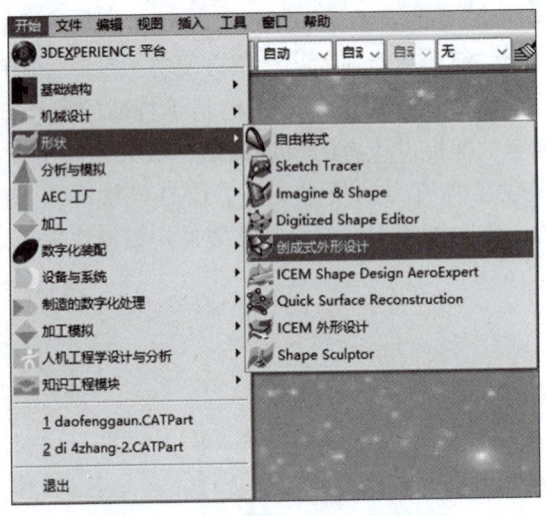

图 5-1 进入创成式外形设计模块

二、创成式外形设计工作界面展示

创成式外形设计工作界面如图 5-2 所示。

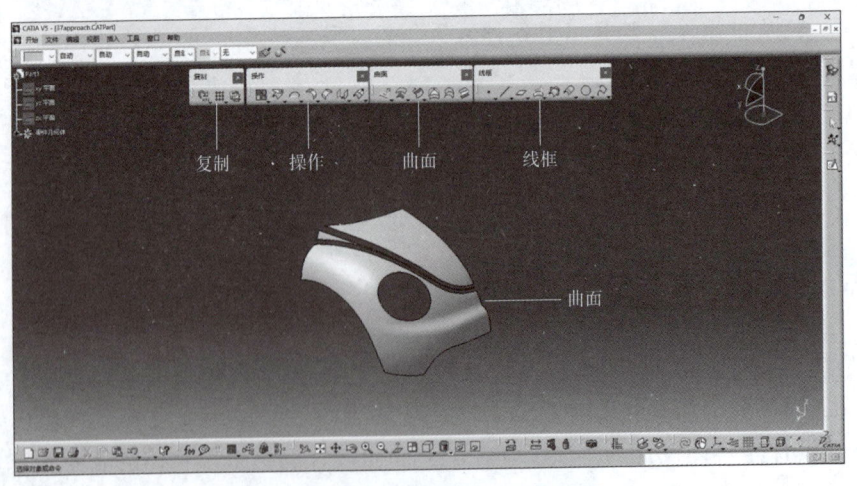

图 5-2 创成式外形设计工作界面

三、创成式外形设计流程

进入创成式外形设计工作台→构建线架→根据线架创建曲面→进入零件设计工作台→由曲面生成实体。

线框设计是创成式外形设计的基础，线框是指构成物体最基础的点、线、参考平面，如图 5-3 所示。因此，熟练掌握基础点、线、面的构建方法对于进行复杂曲面设计非常有利。

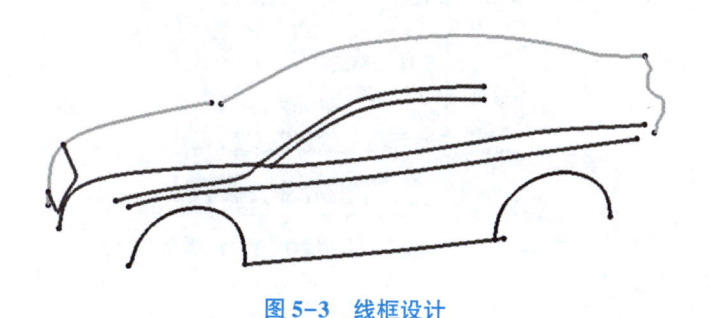

图 5-3　线框设计

知识点三　熟悉创成式外形设计常用工具

一、"线框"工具栏

"线框"工具栏如图 5-4 所示。

图 5-4　"线框"工具栏

1. "点"工具栏

"点"支持所有元素的生成，并可作为生成其他元素的参考，如样条线，平行且通过一个点的平面，"点"工具栏如图 5-5 所示。

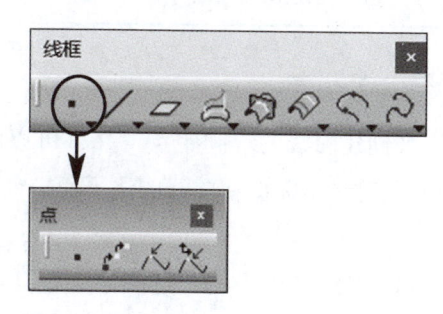

图 5-5　"点"工具栏

项目五　创成式外形设计　63

(1) 点工具 。

"点定义"对话框中的"点类型"如图 5-6 所示,"点类型"对应的功能如表 5-1 所示。

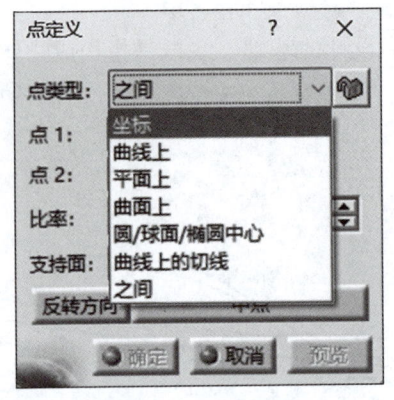

图 5-6 "点定义"对话框中的"点类型"

表 5-1 "点类型"对应的功能

点类型	功能
坐标	通过指定三维坐标创建点
曲线上	在选定曲线上通过定义相对参考点距离创建点。 曲线上的距离指距离参考点弧长距离。 曲线上长度比率指以曲线弧长的百分比定义距离,如果曲线弧长百分比为 50%,则为曲线中点。 参考点默认曲线端点,也可以自己定义
平面上	在选定支持面上创建点。 在平面内通过定义两个坐标创建点
曲面上	在选定支持曲面上通过定义相对参考点距离创建点
圆/球面/椭圆中心	直接创建圆、球面、椭圆中心点
曲线上的切线	在曲线切线上通过定义距切点距离及方向创建点
之间	创建两点间的等距点

(2) 点复制 。

"点复制"工具可以用来创建曲线的等间距点,并且可以同时创建过这个点的曲线的法平面。在制作扫掠曲面时经常需要在曲线的法平面上创建轮廓,因此这个工具经常用到。

注意:将只有激活"同时创建法线平面"选项才会创建法平面,不激活只会创建等距离点,如图 5-7 所示。

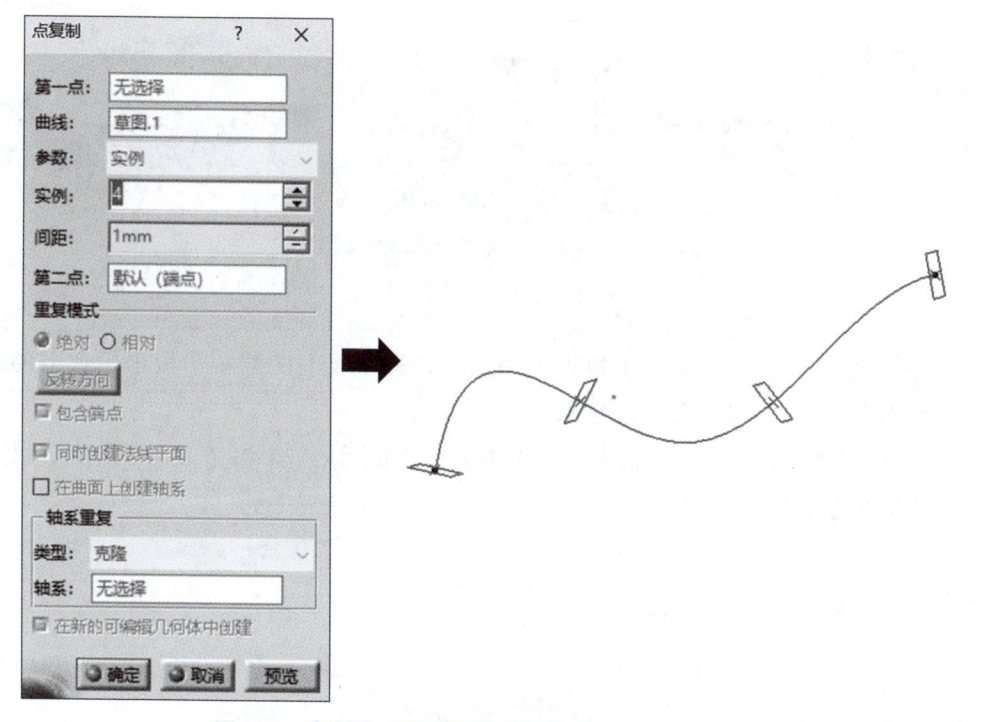

图 5-7　未激活"同时创建法线平面"的点复制效果

(3) 端点 ⬚。

"端点"工具可用来创建曲线、曲面的极值点。

注意：创建曲线的端点用一个方向就可以确定，创建曲面的端点需要在"可选方向"选项中添加一个或两个方向。

例如，求一个长方体沿 X 轴方向的端点，得到的是一个面，如图 5-8 所示；加上 Z 轴方向得到一条线，如图 5-9 所示；再加上 Y 轴方向就会得到点，如图 5-10 所示。

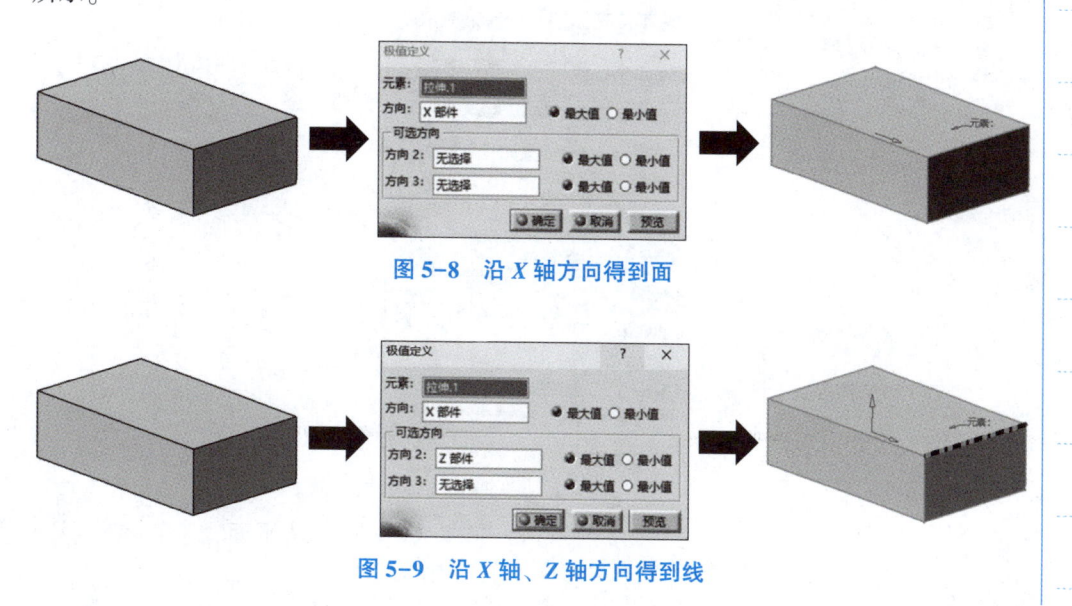

图 5-8　沿 X 轴方向得到面

图 5-9　沿 X 轴、Z 轴方向得到线

项目五　创成式外形设计　65

图 5-10　沿 *X* 轴、*Z* 轴、*Y* 轴方向得到点

（4）端点坐标。

"端点坐标"工具主要用来根据极坐标方式求曲线上在某一个极坐标系下的最大、最小半径点和最大、最小角度点。

注意："类型选项"选择最大、最小角度时需要定义一个参考方向。最大、最小角指偏移参考方向的角。

2. "直线-轴线"工具栏

"直线-轴线"工具栏如图 5-11 所示。

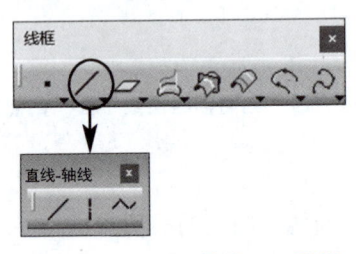

图 5-11　"直线-轴线"工具栏

（1）直线。

直线可以作为导动线、参考线、轴线、方向或用来生成其他几何元素。"直线定义"对话框中的"线型",如图 5-12 所示,"线型"对应的功能如表 5-2 所示。

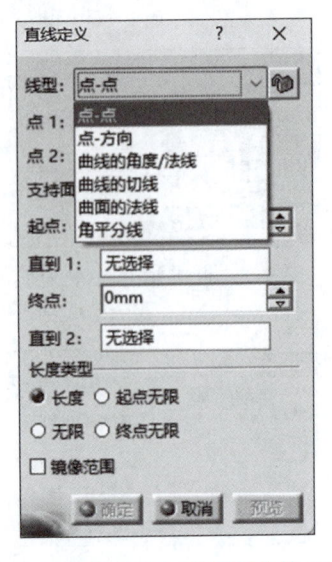

图 5-12　"直线定义"对话框中的"线型"

66　CATIA V5 逆向设计案例教程

表 5-2 "线型"对应的功能

线型	功能
点-点	创建点到点的直线
点-方向	通过点和一个方向及方向上的距离创建直线
曲线的角度/法线	通过点及曲线创建与曲线切线成一定角度的直线
曲线的切线	通过点及曲线创建曲线的切线
曲面的法线	创建曲面的法线
角平分线	创建直线的角平分线

（2）轴线 。

轴线工具可以根据所选元素自动侦测并创建元素的对称轴线、旋转轴线，如图 5-13 所示。

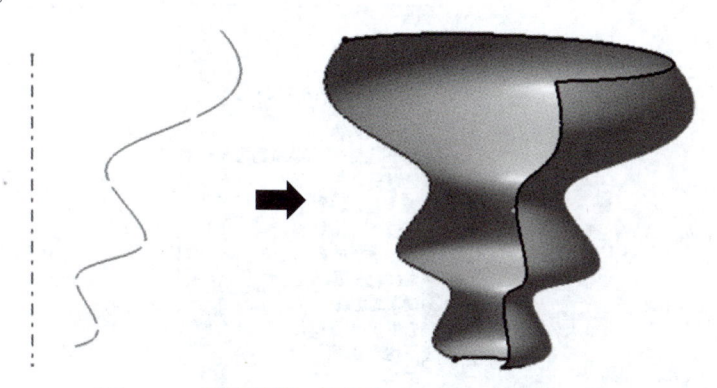

图 5-13 利用轴线工具创建对称轴线、旋转轴线

（3）折线工具 。

折线工具可用直线连接多个点形成折线，如图 5-14 所示。

注意：可以在尖角处设定倒角。

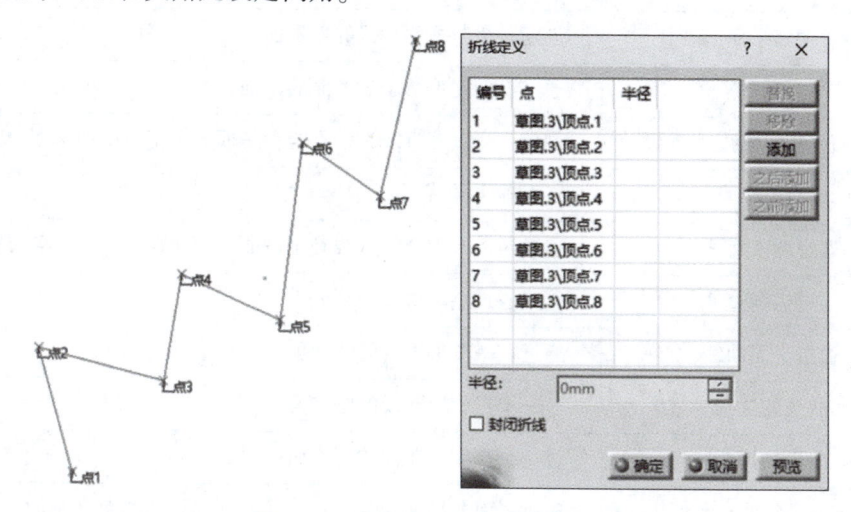

图 5-14 直线连接多个点形成折线

项目五 创成式外形设计 67

3. "平面"工具栏

"平面"工具栏如图5-15所示。

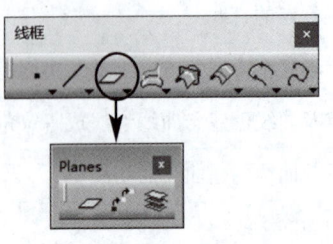

图5-15 "平面"工具栏

（1）平面 。

平面主要用作参考平面，也可以在编辑曲面、线时用作切割面。"平面定义"对话框中的"平面类型"如图5-16所示，相应的功能如表5-3所示。

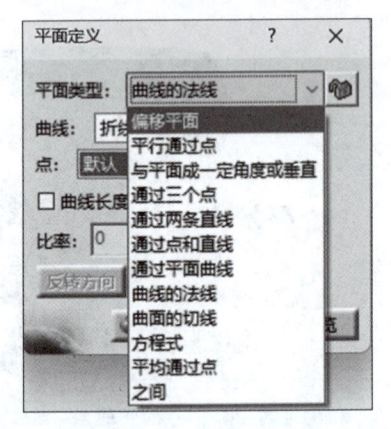

图5-16 "平面定义"对话框中的"平面类型"

表5-3 "平面类型"对应的功能

类型	功能
偏移平面	创建一个与平面平行的偏移面
平行通过点	通过点创建平行于参考面的平面
与平面成一定角度或垂直	创建一个以一直线为轴且与参考面成一定角度的平面
通过三个点	三点确定平面
通过两条直线	通过两条不重合的直线确定平面，两条直线可以是空间直线
通过点和直线	创建通过点和直线的平面
通过平面曲线	通过在一个平面内的曲线创建这个平面
曲线的法线	过一个点创建曲线的法平面
曲面的切线	过一个点创建曲面的切平面
方程式	通过平面方程 $Ax+By+Cz+D=0$ 中的4个参数创建平面

续表

类型	功能
平均通过点	根据统计学通过多个点创建这些点的拟合面
之间	在两个平面之间按照比率关系创建平面

（2）面间复制 。

"面间复制"工具的作用是创建两平面间的等距面。设计、创建大型模型经常需要先将模型划分为很多段，然后一段一段地完成。模型骨架参考面如果是等距的可以用"面间复制"工具快速创建，如图5-17所示。

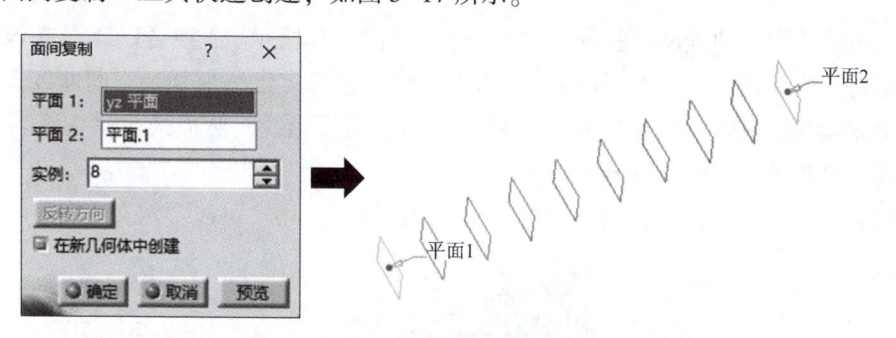

图5-17　创建等距面

4. "投影-混合"工具栏

空间曲线可以作为导动线，生成其他几何元素的参考元素，如曲面的边界线、曲面切割中的切割线。"投影-混合"工具栏如图5-18所示。

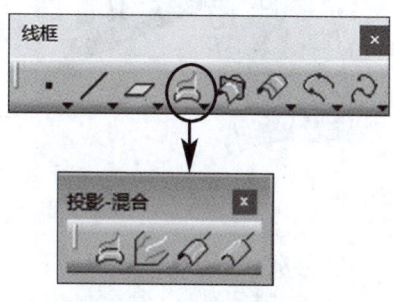

图5-18　"投影-混合"工具栏

（1）投影 。

"投影"工具可按照一定的方向将曲线投影于一个支持面上。在作曲面切割时经常需要利用"投影"工具将一个草图轮廓投影于一个复杂曲面上，用投影线作曲面切割，如图5-19所示。

注意：① 系统默认投影方向为投影曲线的法线方向，也可以自定义一个方向进行投影；

② 一个曲率连续的曲线投影后生成的曲线由于曲面变化可能就不是曲率连续的了，这时可以通过"光顺"选项光顺投影线。

项目五　创成式外形设计　69

图 5-19　利用"投影"工具作曲面切割

（2）混合 。

混合线是两条曲线法向拉伸面的交线，如图 5-20 所示。"混合"工具在设计复杂曲面时经常运用，如图 5-21 所示，因为相较于直线构建一个复杂空间曲线，通过视觉方式构建出复杂空间曲线在两个视角平面上的投影线，然后通过"混合"工具得到需要创建的空间曲线则容易许多。

注意：系统默认拉伸方向为曲线平面的法线方向，用户可以自定义方向。

图 5-20　混合线

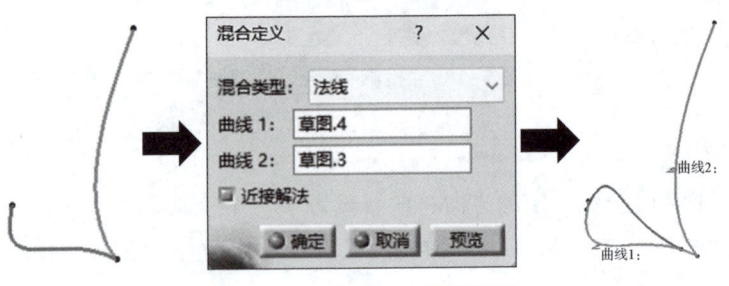

图 5-21　"混合"工具的使用

5. 相交

"相交"工具用于求两个元素的相交部分。不同元素相交得到的结果不同，例如，两线相交得到交点，如图 5-22 所示；线面相交也是得到交点；面面相交则得到

70　CATIA V5 逆向设计案例教程

交线，如图 5-23 所示；面体相交得到交面，如图 5-24 所示。相交线是运用非常多的一种线，"混合线" 算法就是利用相交线原理得到的。

图 5-22　线线相交　　　图 5-23　面面相交　　　图 5-24　面体相交

6. "曲线偏移" 工具栏

"曲线偏移" 工具栏如图 5-25 所示。

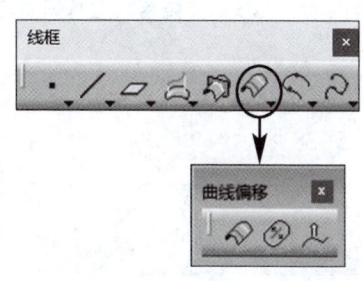

图 5-25　"曲线偏移" 工具栏

（1）平行曲线 。

"平行曲线" 工具就是在某个支持面上作 3D 曲线的平行线，如图 5-26 所示。在平行中运用 "法则曲线"，能得到一些复杂曲线。其实质就是平行偏移量不再是一个常数，而是一个随法则线变化的变量。

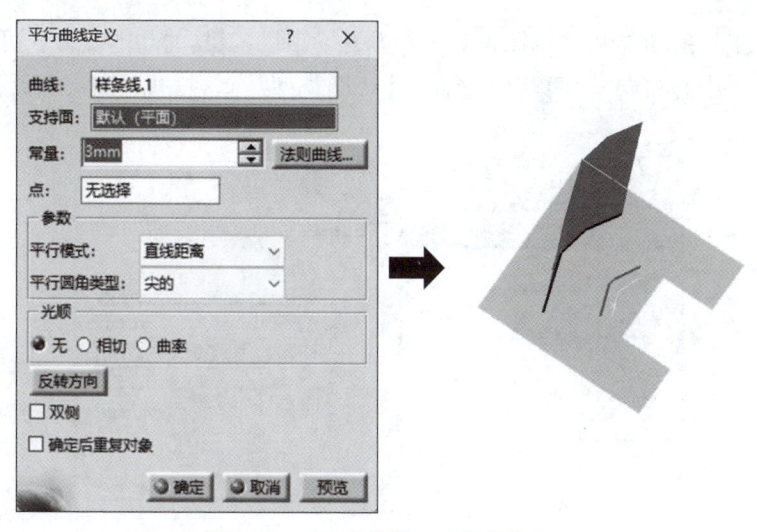

图 5-26　"平行曲线" 工具的使用

项目五　创成式外形设计　71

(2) 3D 曲线偏移 。

"3D 曲线偏移"工具主要根据拔模方向进行曲线偏移，如图 5-27 所示。3D 曲线的偏移方向与拔模方向垂直。偏移过程中可以通过调整"半径"和"张度"来控制斜率不连续的点。

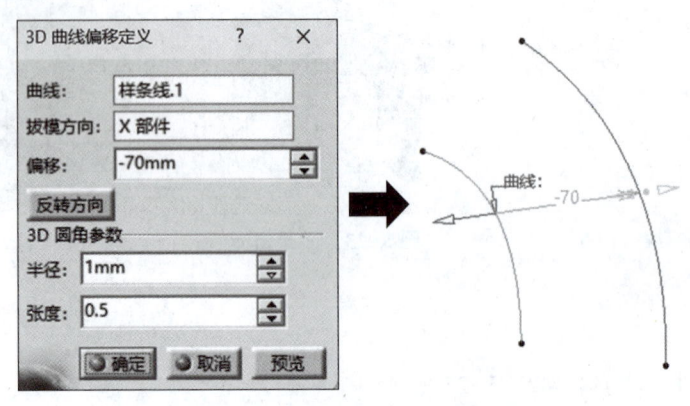

图 5-27 "3D 曲线偏移"工具的使用

7. "圆-圆锥"工具栏

"圆-圆锥"工具栏如图 5-28 所示。

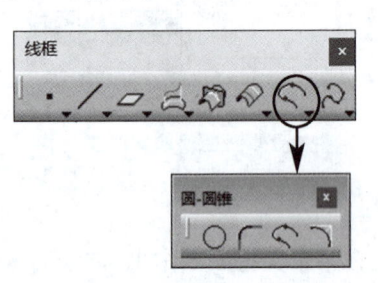

图 5-28 "圆-圆锥"工具栏

(1) 圆 。

"圆"工具的功能和"草图设计"模块中"圆"工具的功能类似，可通过"中心和半径""中心和点""两点和半径"等"圆类型"画圆，如图 5-29 所示。

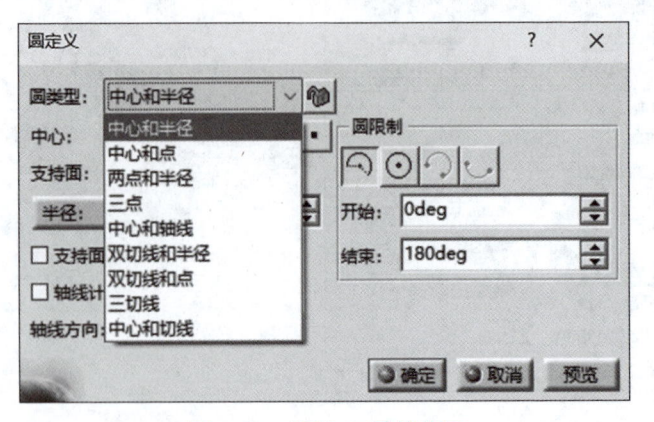

图 5-29 "图"工具的使用

72 ■ CATIA V5 逆向设计案例教程

(2)圆角 ◡。

"圆角"工具可以创建两曲线间的圆角,并且可以选择生成圆角的支持面,如图5-30所示。

注意:① 如果一条曲线上存在斜率不连续的点,可以激活"顶点上圆角"选项,在这个顶点创建圆角。

② 通过单击"下一个解法"按钮或鼠标指针选取所需圆角。

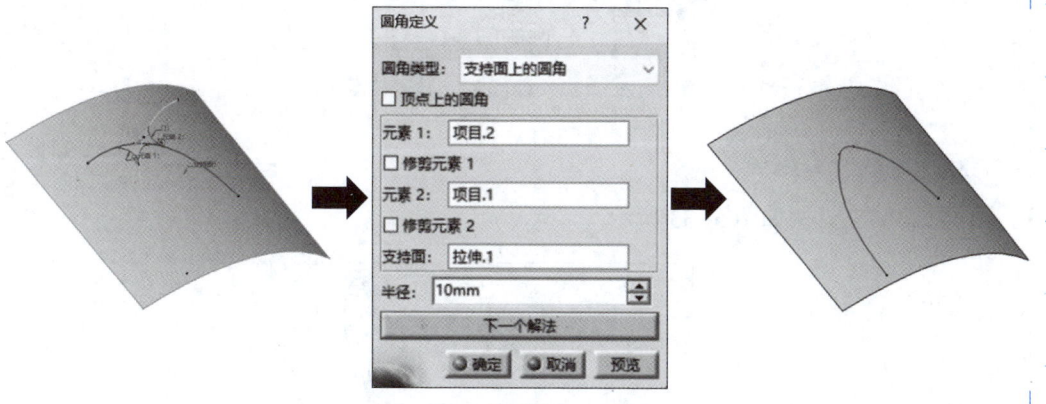

图5-30 "圆角"工具的使用

(3)连接曲线 ◠。

"连接曲线"工具可以连接两条曲线,并且可以设定连接的连续性,如图5-31所示。在需要曲率连续曲线的美学设计中,"连接曲线"工具得到广泛应用。

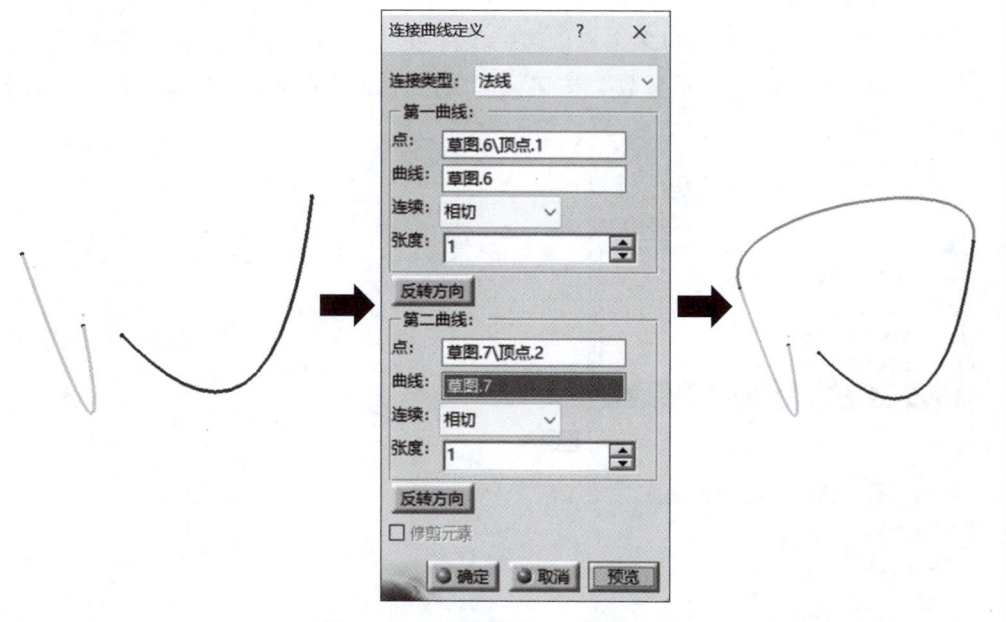

图5-31 "连接曲线"工具的使用

(4)二次曲线 ◠。

"二次曲线"工具的使用如图5-32所示。

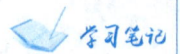

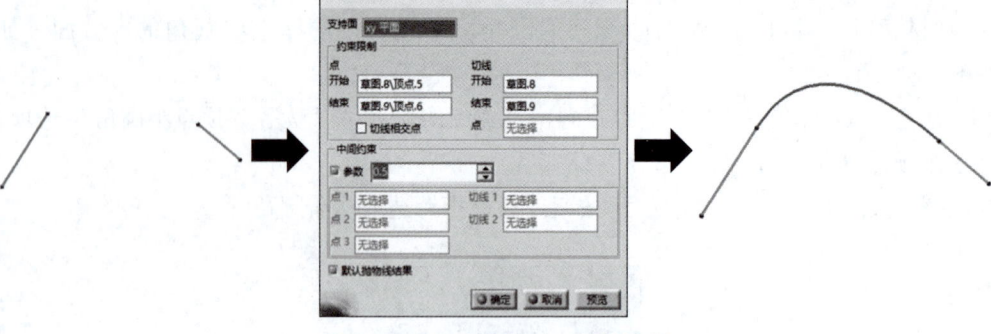

图 5-32 "二次曲线"工具的使用

8. "曲线"工具栏

"曲线"工具栏如图 5-33 所示。

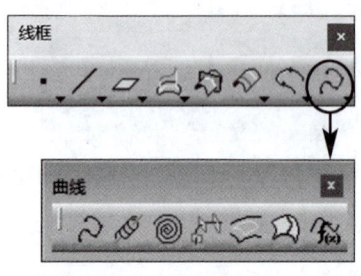

图 5-33 "曲线"工具栏

（1）样条线。

"样条线"工具可以通过多个点创建一条样条线，如图 5-34 所示。单击"样条线定义"对话框中的"显示参数"按钮，可以进行详细设计，也可以控制每个点的曲率方向和张度。

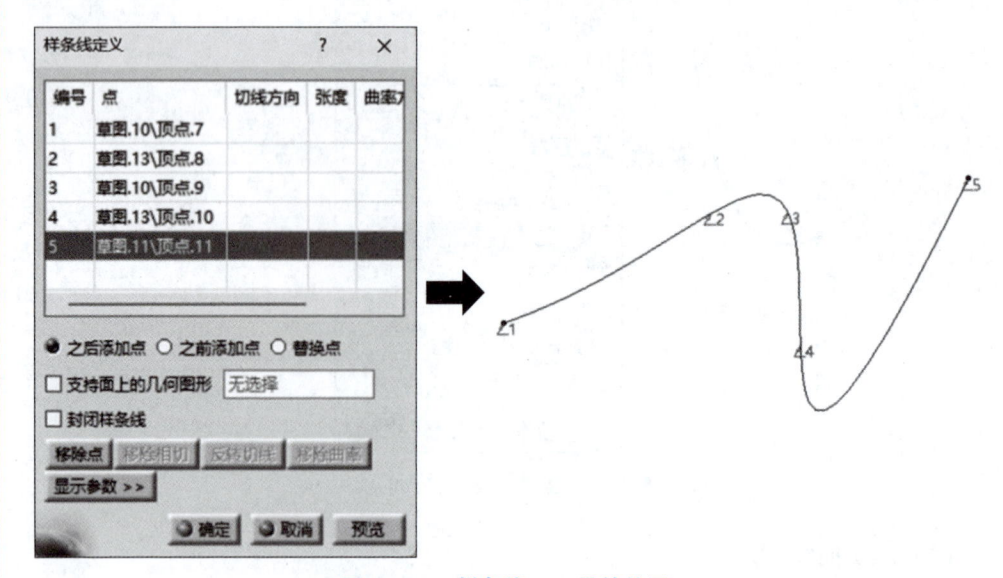

图 5-34 "样条线"工具的使用

74 ■ CATIA V5 逆向设计案例教程

（2）螺旋线 。

"螺旋线"工具用来生成螺旋线，螺旋线主要作为导动线来生成弹簧、螺纹等曲面，如图 5-35 所示。

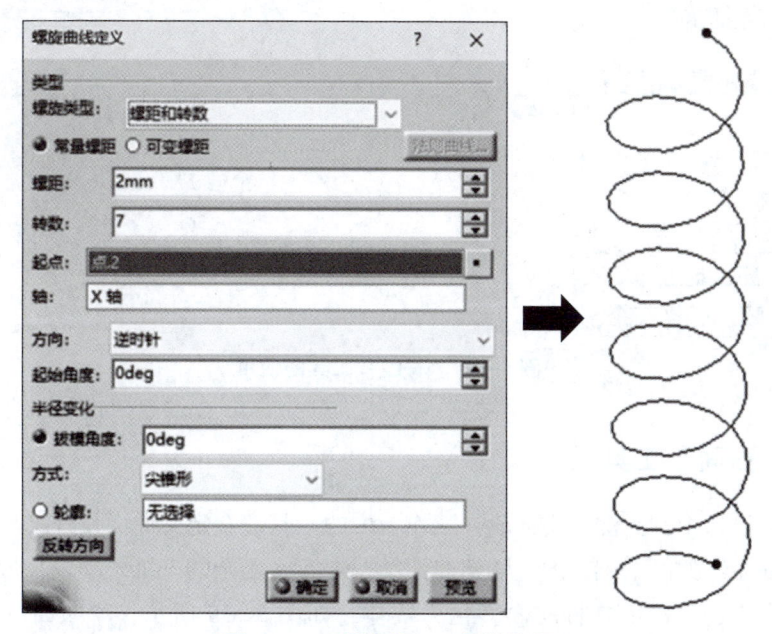

图 5-35 "螺旋线"工具的使用

（3）螺线 。

"螺线"工具用来生成盘旋线，盘旋线是在一平面内的，可以用作诸如电炉丝、蚊香等盘旋曲面的导动线，如图 5-36 所示。

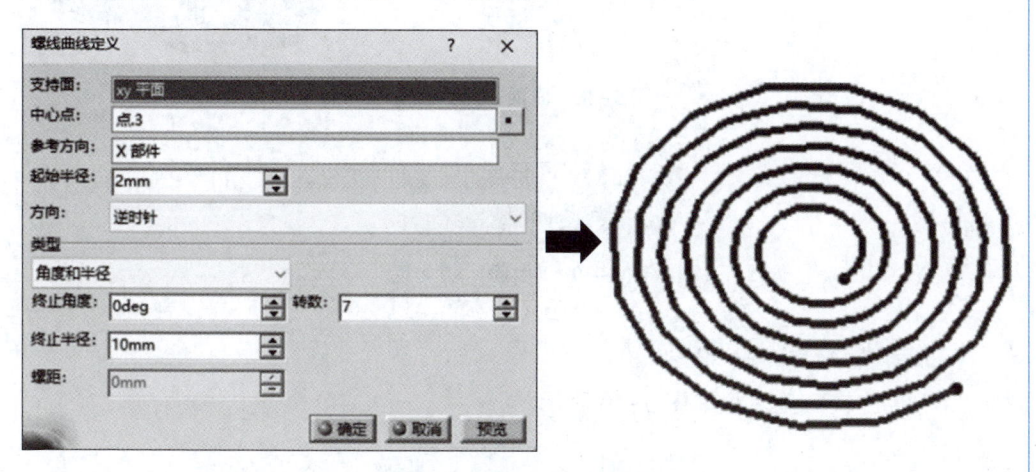

图 5-36 "螺线"工具的使用

（4）脊线 。

"脊线"工具在生成复杂曲面时经常使用，可以简单地将脊线理解为曲面的脊椎，和人体脊椎一样，脊线控制曲面整体的屈曲程度，如图 5-37 所示。脊线有两种生成方法：一种是生成多截面的脊线，另一种是生成两条曲线的脊线。

项目五　创成式外形设计　75

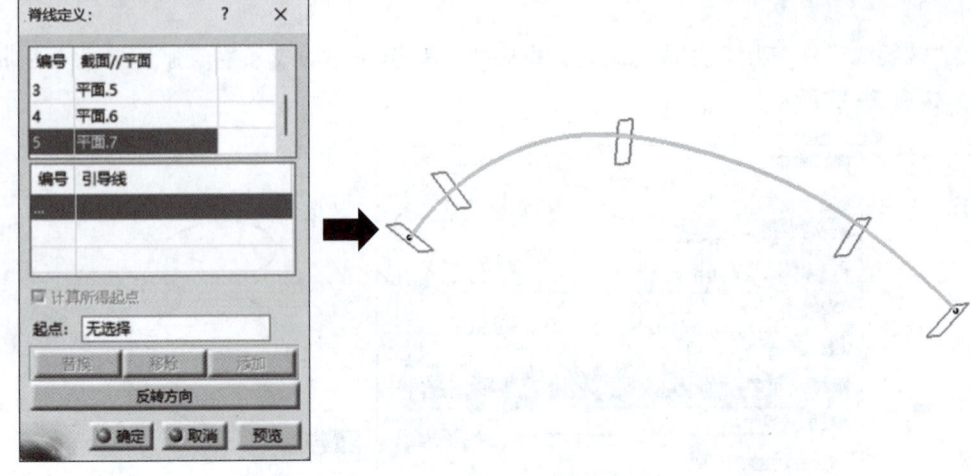

图 5-37 "脊线"工具的使用

二、"曲面"工具栏

在某些设计中，无法用实体设计工作台中的工具完全定义曲面设计结构。设计者需要利用外在线架的基础，通过创建曲面结构来定义复杂的三维外形。在最终的实体零件设计中通过各种工具将曲面转化为实体，如图 5-38 所示，"曲面"工具栏如图 5-39 所示。

图 5-38 曲面转化为实体

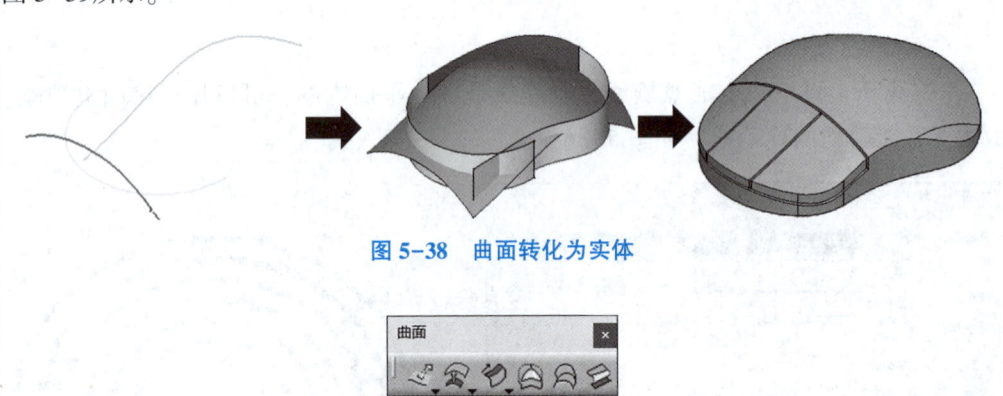

图 5-39 "曲面"工具栏

1. "拉伸-旋转"工具栏

"拉伸-旋转"工具栏如图 5-40 所示。

图 5-40 "拉伸-旋转"工具栏

"拉伸-旋转"工具栏主要包括拉伸曲面、旋转曲面、球面曲面、圆柱曲面，这些工具的定义简单且常用，如图5-41~图5-44所示。

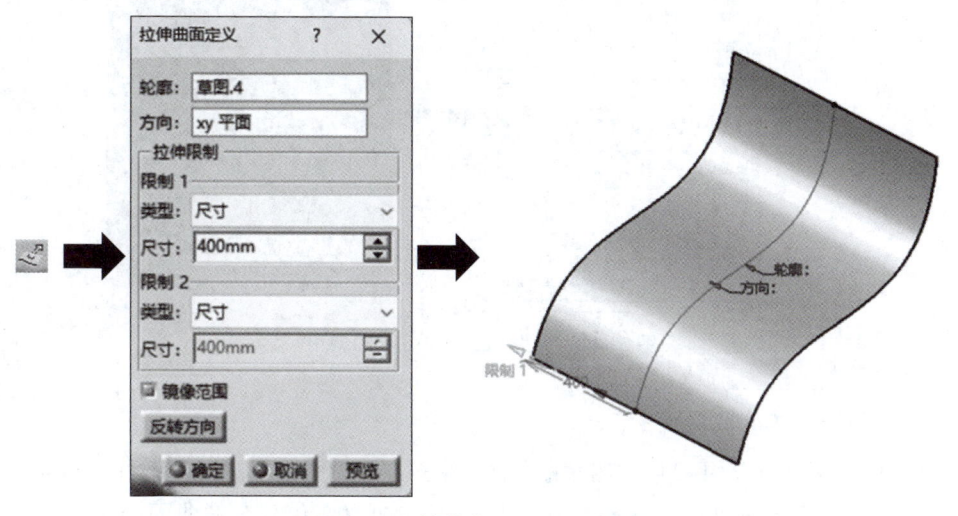

图5-41 "拉伸曲面"工具的使用

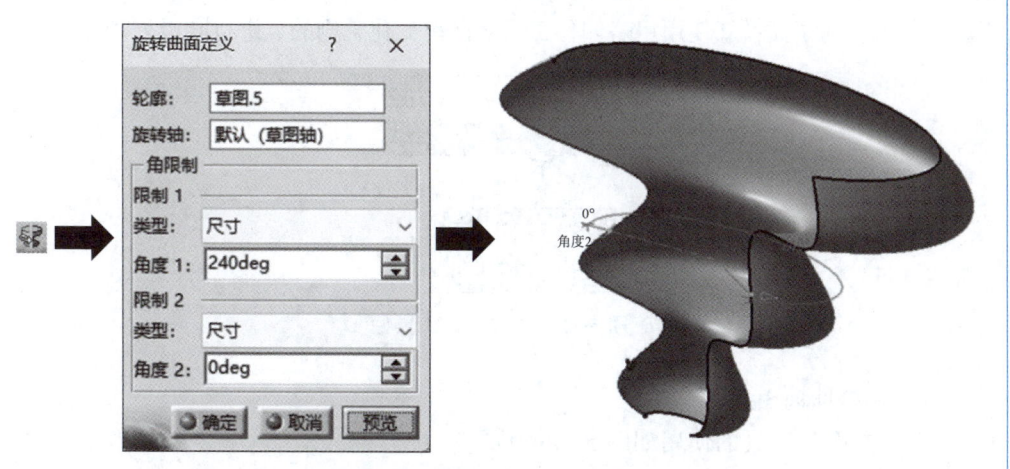

图5-42 "旋转曲面"工具的使用

图5-43 "球面曲面"工具的使用

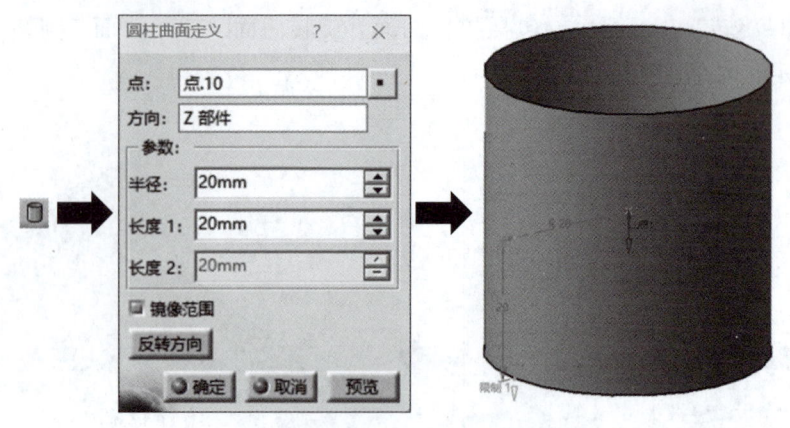

图 5-44 "圆柱曲面"工具的使用

2. "偏移"工具栏

"偏移"工具可以用来生成空间偏移面，偏移方向沿曲面的法向。偏移面有 4 个工具，如图 5-45 所示。使用"偏移"工具时，有些曲率变化复杂的曲面会出现用"偏移"工具无法偏移的情况，解决这个问题有两种方法：①在偏移要移除的子元素中加入无法进行偏移的子面；②使用粗略偏移工具对曲率变化急剧的点进行圆滑处理。

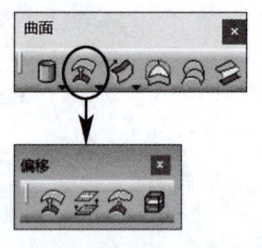

图 5-45 "偏移"工具栏

（1）偏移曲面。

"偏移曲面"工具的使用如图 5-46 所示。

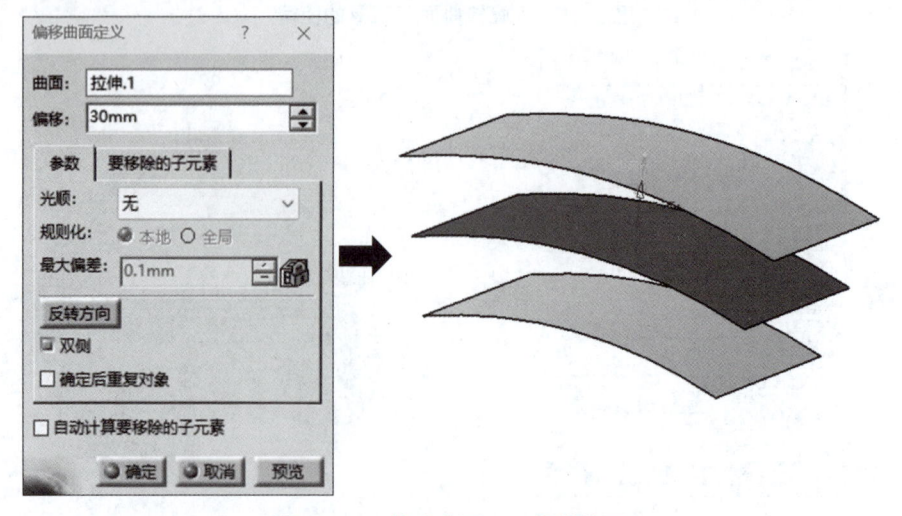

图 5-46 "偏移曲面"工具的使用

(2) 可变偏移 。

"基曲面"选项一般选几个面的集合面,"参数"选项区域中以常量进行偏移的子面要设置约束并赋予偏移值,以变量偏移的部分在"偏移"选项的下拉列表中选择"变量"即可,单击"确定"按钮完成操作,如图 5-47 所示。

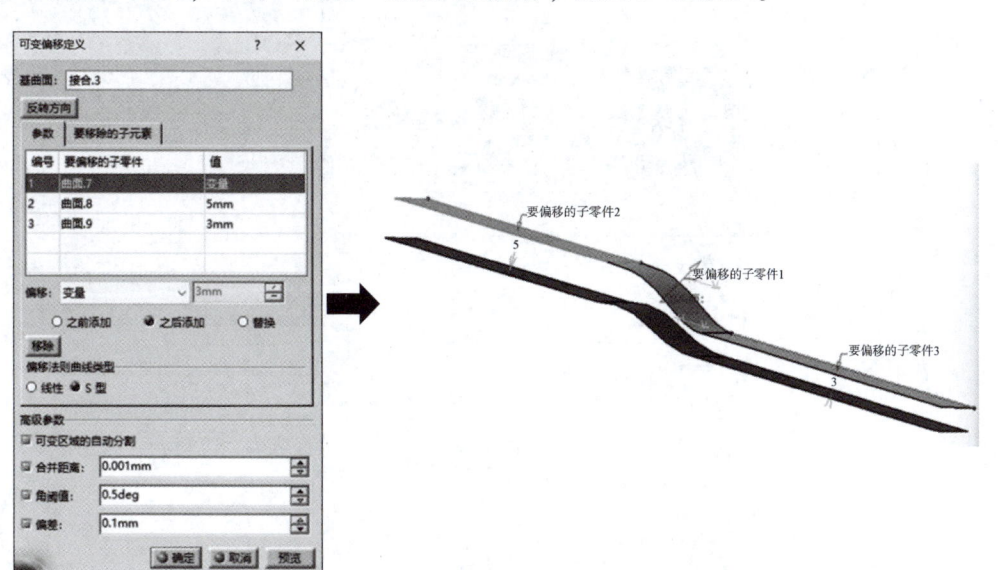

图 5-47 "可变偏移"工具的使用

(3) 粗略偏移 。

"粗略偏移曲面"工具的使用如图 5-48 所示。

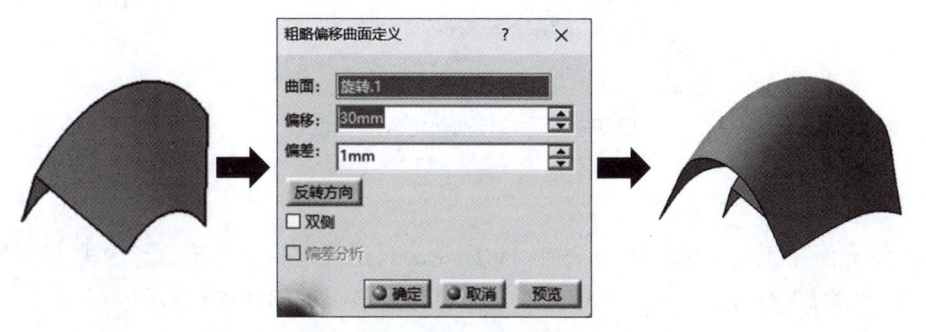

图 5-48 "粗略偏移曲面"工具的使用

3. 扫掠曲面

"扫掠曲面"工具主要通过轮廓线沿导动线扫掠来生成曲面,生成曲面也可以加入脊线控制。"扫掠曲面"工具的定义方法很多,参数设定也比较复杂,图 5-49 所示。

① "轮廓类型"选项定义待创建扫描面的轮廓类型,包括精确轮廓、直线、圆、二次曲线。

② "子类型"选项定义选定轮廓类型下可创建扫描面的方法。

③ 是"子类型"选项下面的区域,是必选元素区,即定义扫掠曲面必须选择的

项目五 创成式外形设计

参数元素区域。

④ "可选元素"区包括为了控制曲面添加的可选元素选项。

⑤ "光顺扫掠"区域中的数据是更详细的控制曲面质量的数据。

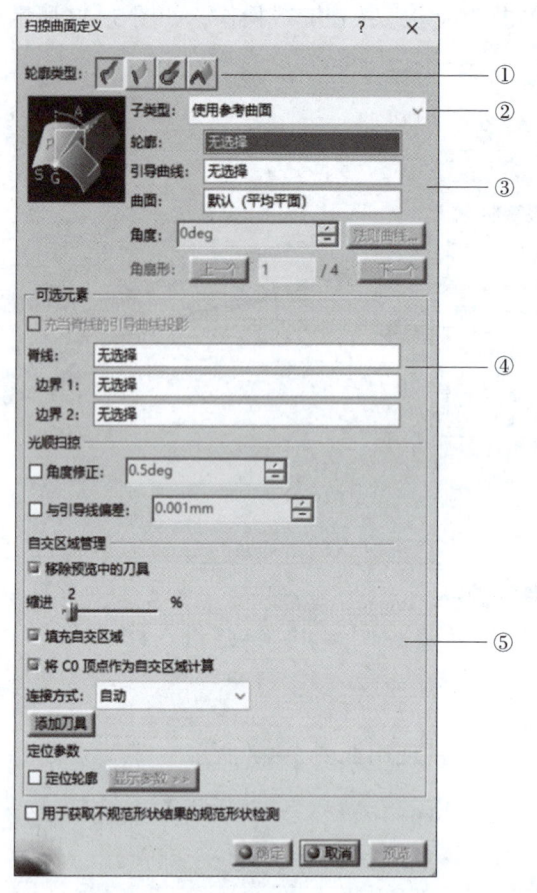

图 5-49 "扫掠曲面定义"对话框

4. 填充面

"填充面"工具可以根据一个空间封闭轮廓自适应地生成填充面,并且可以根据边界条件添加连续限定条件。"填充面"工具使用效果如图 5-50 所示。

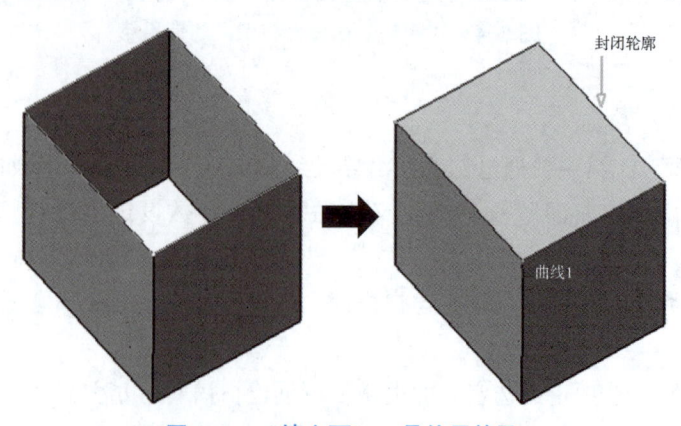

图 5-50 "填充面"工具使用效果

5. 多截面曲面

多截面曲面又叫放样曲面，它主要利用不同的轮廓用渐近的方式生成连续曲面，尤其适用于有很多复杂曲面并且能够得到每个截面轮廓的情况。多截面曲面工具使用效果如图 5-51 所示。

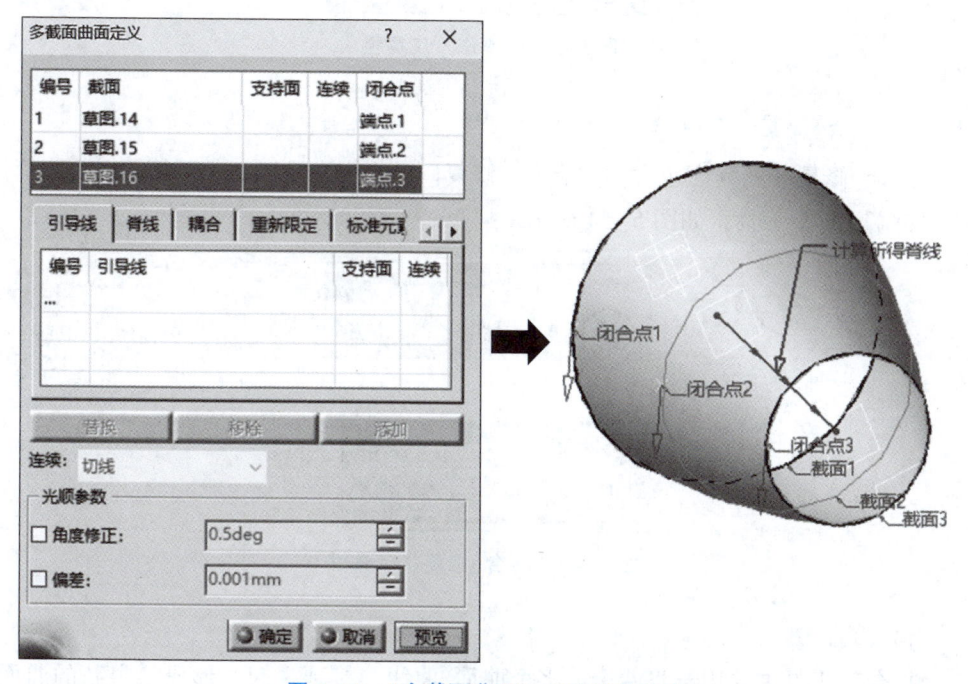

图 5-51 "多截面曲面"工具使用效果

6. 桥接曲面

"桥接曲面"工具可以通过连接曲线来生成连接面，因此设计中经常使用它连接两个曲面边界线；也可以通过它设定连接面与边界线支持面间的连续性和张度来控制连接面形状。与曲线中的"连接曲线"工具类似，"桥接曲面"工具也能很好地设定和支持面与面的连续性。当没有支持面时，"桥接曲面"工具可以在两条曲线间形成线性过渡的连接面，使用效果如图 5-52 所示。

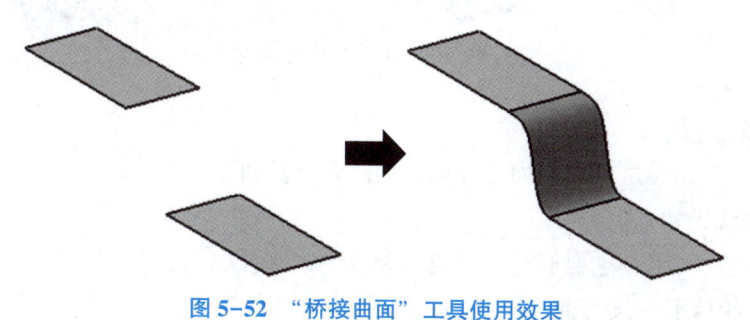

图 5-52 "桥接曲面"工具使用效果

三、"操作"工具栏

曲面设计在建立线架及形成最终曲面的过程中，需要对已生成的面进行大量编辑操作。线架、曲面编辑主要包含针对曲线、曲面的组合、分解、修剪、分割、倒角、光顺等操作,"操作"工具栏如图5-53所示。

图5-53 "操作"工具栏

1. "接合-修复"工具栏

"接合-修复"工具栏包含"接合""修复""曲线光顺""曲面简化""取消修剪""拆解"6个工具,如图5-54所示。

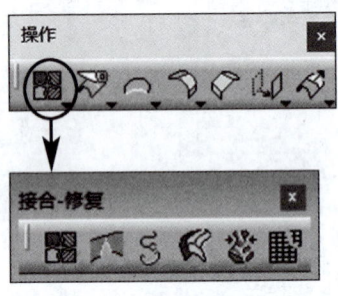

图5-54 "接合-修复"工具栏

(1)接合 。

"接合"工具主要用于将两个或多个曲面/曲线连接到一起,形成一个新的曲面/曲线,如图5-55所示。

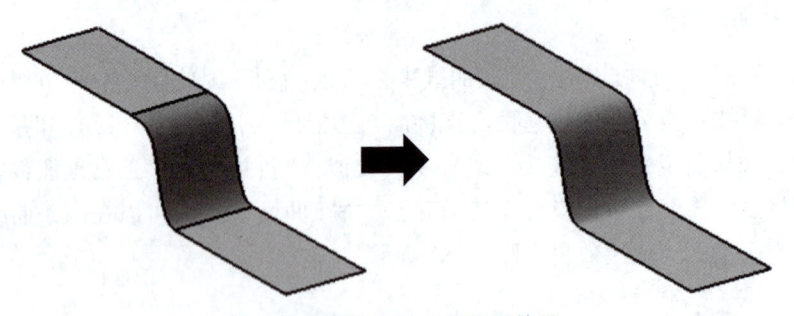

图5-55 "接合"工具使用效果

(2)修复 。

"修复"工具通过填充曲面之间的小间隔来修复曲面。

(3)曲线光顺 。

"曲线光顺"工具主要通过阈值或偏差等参数来控制并消除曲线的不连续性,如点不连续、相切不连续、曲率不连续。特别是通过"接合"工具创建的曲线,曲线连续性往往存在问题,此时就可以通过"曲线光顺"工具使曲线光顺。

(4)取消修剪 。

"取消修剪"工具可用来将修剪元素恢复到修剪前状态。

（5）拆解 ▦。

"拆解"工具用于将复杂的模型或组件分解成更简单的组成部分。如图 5-56 所示为将接合 4 拆解为曲面 10、曲面 11、曲面 12。

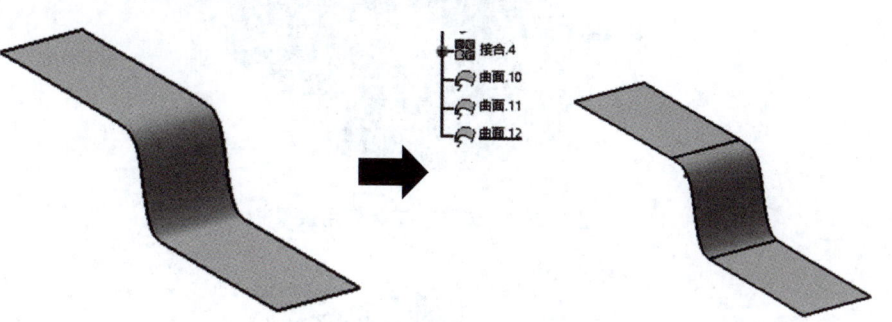

图 5-56 "拆解"工具使用效果

2. "修剪-分割"工具栏

在设计中经常只需要元素的某一个部分，这时就需要用"修剪-分割"工具栏中的工具进行元素修剪，得到我们需要的某一部分。"修剪-分割"工具栏包含"分割""修剪""缝合曲面""移除面/边线"4 个工具，如图 5-57 所示。"分割"和"修剪"两个工具的区别在于"分割"工具中分割元素不参与修剪，而"修剪"工具中多个元素相互进行修剪。

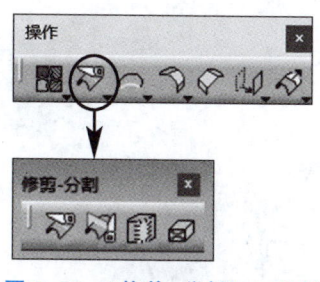

图 5-57 "修剪-分割"工具栏

3. "提取"工具栏

"提取"工具栏中的工具主要用来对边界、曲面提取。"提取"工具栏包含"边界""提取""多重提取"3 个工具，如图 5-58 所示，3 个工具使用效果分别如图 5-59、图 5-60、图 5-61 所示。

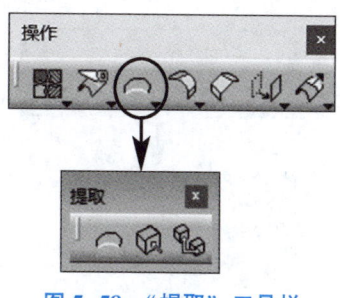

图 5-58 "提取"工具栏

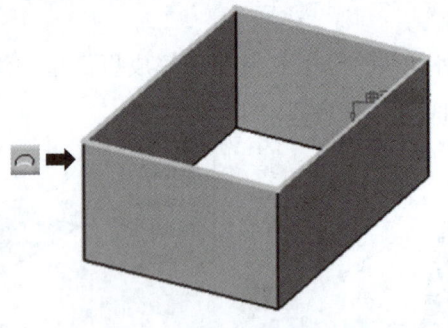

图 5-59 "边界"工具使用效果

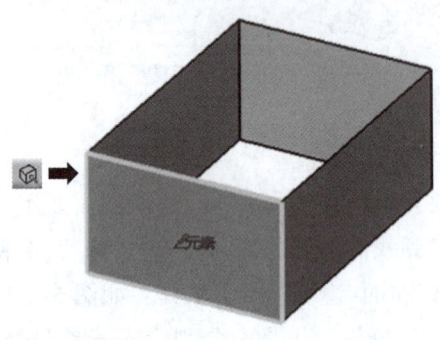

图 5-60 "提取"工具使用效果

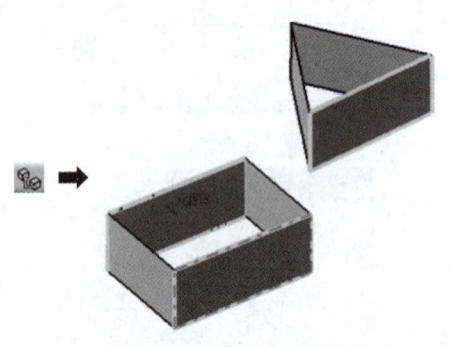

图 5-61 "多重提取"工具使用效果

4. "圆角"工具栏

"圆角"工具可用来创建两个面相交面的圆角，其参数定义方法与零件设计基本相同，详细讲解可参考项目四相关内容。"圆角"工具栏如图 5-62 所示。

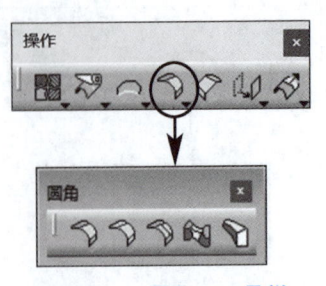

图 5-62 "圆角"工具栏

5. "变换"工具栏

"变换"工具栏包含"平移""旋转""对称""缩放""仿射""定位变换"6个工具,如图5-63所示。这个工具栏中参数定义方法同零件设计中"变换"工具栏基本相同,详细讲解可参考项目四相关内容。

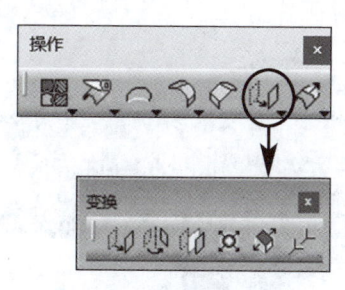

图5-63 "变换"工具栏

6. 外插延伸

"外插延伸"工具可以根据连续条件延伸面或曲线。延伸面或线可以设定延伸距离,也可以选择处理元素进行修剪,如图5-64所示。

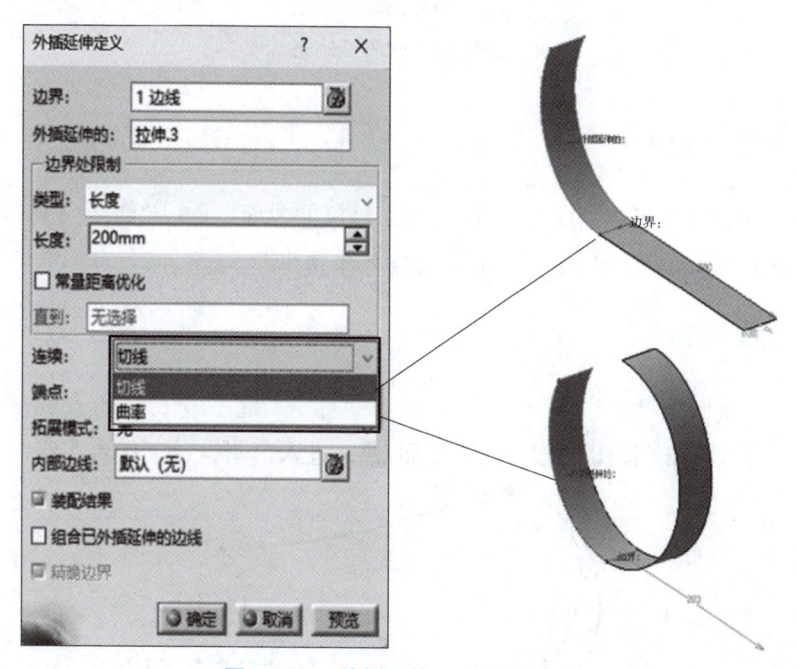

图5-64 "外插延伸"工具的使用

项目实施

创成式外形设计实例——吹风机外壳

吹风机外壳由各种不同的曲面构成,因此非常适合利用本项目所学知识要点进行设计。

项目五 创成式外形设计 85

一、任务分析

如图 5-65 所示为吹风机外壳，通过分析，该壳体俯视图轮廓经过凸台操作，利用凹槽命令去除主视图面上的多余实体，用倒圆角命令去除部分实体，用倒角命令进行倒角，可以完成零件的设计工作。

图 5-65　吹风机外壳

二、主要知识点

本任务将学习"多截面曲线" 工具、"拉伸曲面" 工具、"桥接曲面" 工具、"修剪" 工具的使用方法和一般操作步骤。

三、实施步骤

任务一：草图设计

单击"草图" 按钮，选择依附平面 ，进入草图设计工作台，绘制图 5-66。

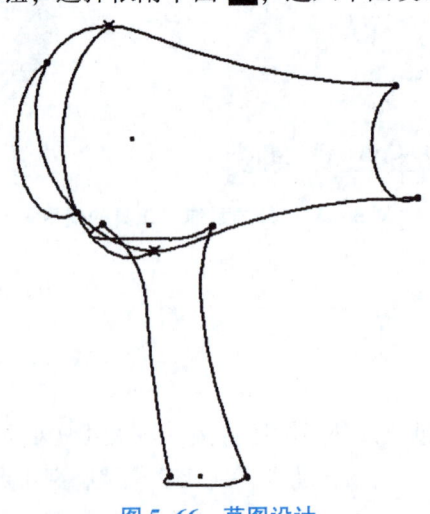

图 5-66　草图设计

任务二：创成式曲面设计

单击"创成式曲面设计"按钮进入创成式曲面设计界面，通过"多截面曲线"、"拉伸曲面"、"桥接曲面"、"修剪"等工具，绘制得到图 5-67。

图 5-67　创成式曲面设计

任务三：零件设计

单击"零件设计"按钮，进入零件设计界面，然后通过"厚曲面"工具，绘制得到图 5-68。

图 5-68　零件设计

项目五　创成式外形设计

项目评价

自主完成"项目实施"后,结合自身情况完成项目评价。

自评分>80分,表示对本项目知识点掌握全面。

自评分60~80分,表示对本项目知识点已经掌握,但是应用能力不够,还需多加练习,提高熟练度。

自评分<60分,表示对本项目知识点掌握程度不够,还需巩固知识点,多加练习,提高熟练度。

评分项	评分细则					自评分
完成时间(20分)	<15 min(20分)	15~20 min(15分)	20~25 min(10分)	25~30 min(5分)	>30 min(0分)	
图分析能力(20分)	能快速分析出零件中各个特征点,并能快速联想到所需零件工具(20分)	能自主分析出零件中各个特征点,并能联想到所需零件工具(15分)	结合"实施步骤"能看懂零件特征点,并能联想到所需零件工具(10分)	结合"实施步骤"能看懂零件特征点,但不会联想到所需零件工具(5分)	看不懂"实施步骤"中对零件特征点的分析(0分)	
应用"草图编辑器"模块工具(20分)	快速找到所需工具,并能熟练应用(20分)	能通过查找找到所需工具,并能熟练应用(15分)	能通过查找找到所需工具并进行应用(10分)	能通过查找到所需工具,不能熟练应用(5分)	不知道所需工具在哪(0分)	
应用"创成式曲面设计"模块(20分)	熟练(20分)	较熟练(15分)	一般(能回忆起)(10分)	较不熟练(需翻看对应知识点介绍)(5分)	不熟练(0分)	
应用"零件设计"模块(20分)	熟练(20分)	较熟练(15分)	一般(能回忆起)(10分)	较不熟练(需翻看对应知识点介绍)(5分)	不熟练(0分)	
总分						

项目六　数字化外形编辑器

项目引入

数字化外形编辑器（Digital Shape Editor，DSE）是逆向设计中的专用工具之一。它可以方便快捷地导入多种格式的点云文件，提供数字化数据的输入、整理、组合、坏点剔除、截面生成、特征线提取、实时外形及指令分析等功能，对点云进行处理，根据处理后的点云生成相应曲面。

学习目标

技能目标

（1）掌握点云输入输出的设置技巧。

（2）掌握点云编辑技巧。

（3）掌握在点云基础上创建空间曲线、曲面的技巧。

知识目标

（1）掌握点云导入中各项设置的含义。

（2）掌握点云编辑时各个工具命令之间的关系。

（3）掌握所要创建的曲线、曲面与点云的联系。

素养目标

（1）培养由点及线，再由线至面的思维。

（2）培养用数字化点云进行逆向设计的思维。

知识链接

知识点一　认识数字化外形编辑器

数字化外形编辑器提供数字化数据的输入、清理、组合、坏点剔除、截面生成、特征线提取、实时外形及指令分析等功能。此模块用于逆向工程的前期，即在数字测量之后、CATIA 其他过程之前。其后续 CATIA V5 应用有快速曲面重建、创成式外形设计模块等。

知识点二 熟悉数字化外形编辑器

数字化外形编辑器模块由点云输入、点云输出、点云编辑、创建扫描线、创建曲线、点云网络化等工具组成,下面将详细介绍各工具用法。

一、"点云输入/输出"(Cloud Import/Export)工具栏

"点云输入/输出"工具可以输入/输出一个或多个描述数字化点的文件,提供多种文件输入/输出格式,满足 CATIA V5 用户逆向造型的需要。"Cloud Import/Export"工具栏如图 6-1 所示。

图 6-1 "Cloud Import/Export"工具栏

1. 点云输入(Cloud Import)

"点云输入"工具可将其他格式数值化数据输入 CATIA,如图 6-2 所示将数据输入 CATIA 对话框是进行逆向造型的第一步。

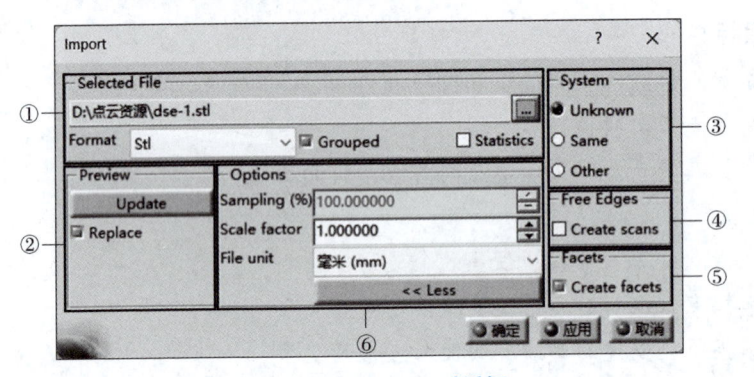

图 6-2 "Import"对话框

①文件选择(Selected File)。
。选择点云数据的输入路径。
格式(Format)。其下拉菜单中包含三种点数据格式:Atos、Iges、Stl。
统计(Statistics)。打开此开关显示输入文件相关信息,反之则不显示。
Grouped。一次导入多个点云,并合并起来,在目录树中只显示一个点云。
②预览(Preview)。
刷新(Update)。显示输入点云的边界框,通过拖拉边界框的绿色箭头调整要输入的大小。
注意:边界框尺寸与可见点云尺寸一致。
代替(Replace)。用新的点云代替当前点云。
③系统(System)。
该选项用来选择产生导入数据的计算机系统是否和本计算机系统相同。如果相同

选中 Same 单选按钮，不相同选中 Other 单选按钮，不确定选中 Unknown 单选按钮。

④ Free Edges。用来决定是否要产生三角网格线。

⑤ Facets。用来设置生成三角网格面与否。如图 6-3 所示为未勾选 Create facets 复选框效果，如图 6-4 所示为勾选 Create facets 复选框效果。

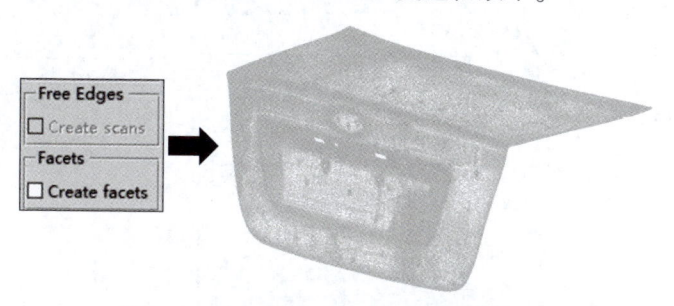

图 6-3 未勾选 Create facets 复选框效果

图 6-4 勾选 Create facets 复选框效果

⑥选择（Options）。

取样（Sampling）。用来设置读入数据点的比例。100%表示选中点云中的点全部被导入。

比例因子（Scale factor）。用来设置云输入与原点云大小的比例。

文件单位（File unit）。设置导入数据文件的单位，使用的单位不同，导入点云的大小相差很大。

2. 点云输出（Cloud Export）

在实际应用中，需要将 CATIA 中的点云用不同格式输出，CATIA 也支持点云的输出。

当所输出的是扫描线时，以扫描线输出；当所输出是点云时，以点云输出；当既有点云，又有扫描线时，以扫描线输出。

二、"点云编辑"（Cloud Edition）工具栏

"点云编辑"工具栏能为用户提供对点云进行操作编辑的工具，方便用户对点云进行过滤、删除及部分激活。"Cloud Edition"工具栏如图 6-5 所示。

图 6-5 "Cloud Edition" 工具栏

1. 激活（Activate）

在处理占用内存较大的点云数据时，工作焦点只是一个较小的范围，为了节省计算机资源，CATIA 允许用户只激活工作区域点云，而隐藏其他部分点云。"Activate"对话框如图 6-6 所示。

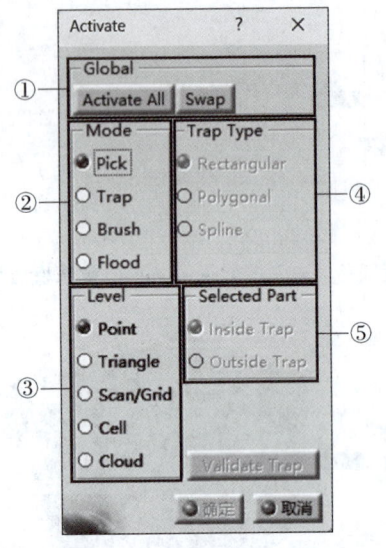

图 6-6 "Activate"对话框

①全局环境（Global），在该选项区域中有（Activate All 全部激活）或者（Swap 切换区域）按钮。

② 模式（Mode），在该选项区域内可选择 4 种点云的选中模式：

拾取点（Pick），勾选 Pick 复选框时会点亮③（Level 程度）选项区域，如图 6-7 所示，并在其选项区域中执行相应命令，挑选要工作的焦点区域，单击"确定"按钮完成点云的选择。

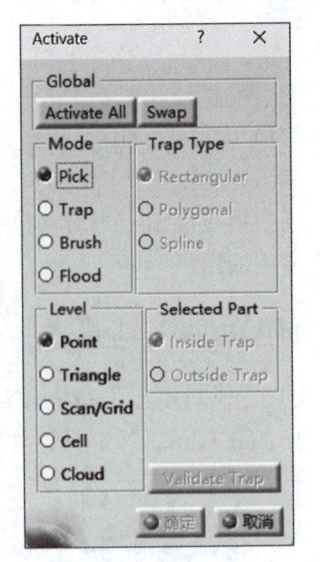

图 6-7 Pick

92 ■ CATIA V5 逆向设计案例教程

框选（Trap），选中 Trap 单选按钮时会点亮④（Trap Type 框选方式）和⑤（Selected Part 选定区域）选项区域，如图 6-8 所示，并在其选项框中执行相应命令：挑选要工作的焦点区域，通过拖拉圈定线修改圈定区域的大小。单击"确定"按钮完成区域的选择。

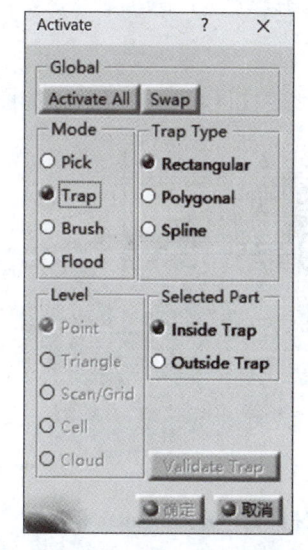

图 6-8 选中 Trap 单选按钮效果

刷选（Brush），选中 Brush 单选按钮时点云上出现一个圆，挑选要工作的焦点区域，通过拖拉圈定线修改圈定区域的大小，单击"有效圈定"（Validate Trap）按钮，使之有效，重复以上操作，直到需要的点云都被激活，单击"确定"按钮确认激活区域。

注意：使用"刷选"工具时，点云必须经过网格创建（Mesh Creation）处理或在点云导入时勾选 Create facets 复选框，如图 6-9 所示。

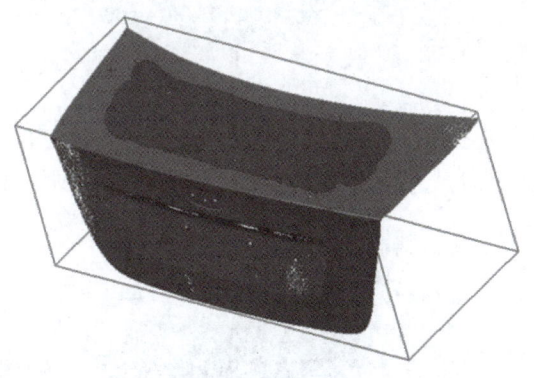

图 6-9 刷选点云

批量选（Flood），选中 Flood 单选按钮时，单击拾取某一三角网格，则所在三角网格面闪光连续的三角网格均被拾取。

③ 程度（Level）。
Point：每次激活点云的一个点。

Triangle：当点云网格化后，选中 Triangle 单选按钮，表示每次激活一个三角网格面。

Scan/Grid：表示每次激活一条交线。

Cell：表示每次激活点云的一个子点云。

Cloud：表示一次激活整个点云。

④ 框选方式（Trap Type）。

Rectangular：表示激活矩形棱柱区域内的点云，如图 6-10 所示。

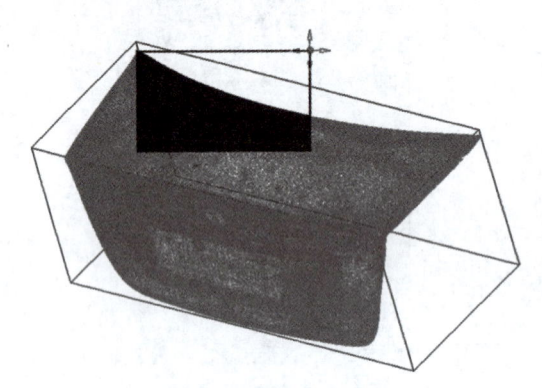

图 6-10　Rectangular 框选方式

Polygonal：表示激活多边形棱柱区域内的点云，如图 6-11 所示。

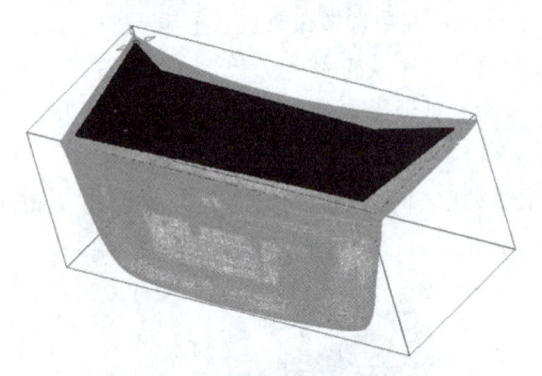

图 6-11　Polygonal 框选方式

Spline：表示激活区域是一条封闭样条线棱柱区域，如图 6-12 所示。

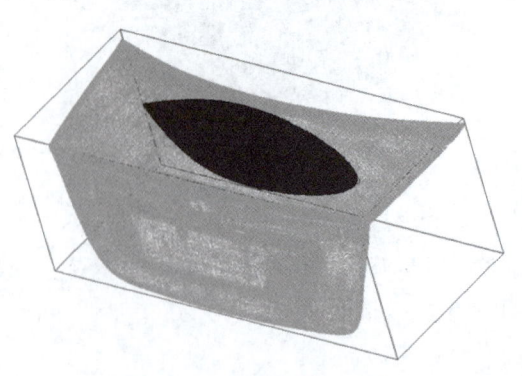

图 6-12　Spline 框选方式

⑤选定区域（Selected Part）。

Inside Trap：保留框选区域内点云，如图6-13所示。

图6-13　保留框选区域内点云

Outside Trap：保留框选区域外点云，如图6-14所示。

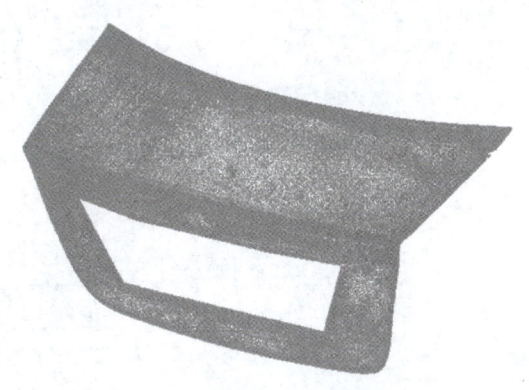

图6-14　保留框选区域外点云

2. 过滤（Filter）

在处理许多数字化点云时，如果数字化点密集，会影响后期点云处理的速度，所以在保证保留特征的情况下，可以用过滤功能对点云进行过滤处理。过滤方法有球过滤法（Homogeneous）和自适应过滤法（Adaptative）。"Filter"对话框如图6-15所示。

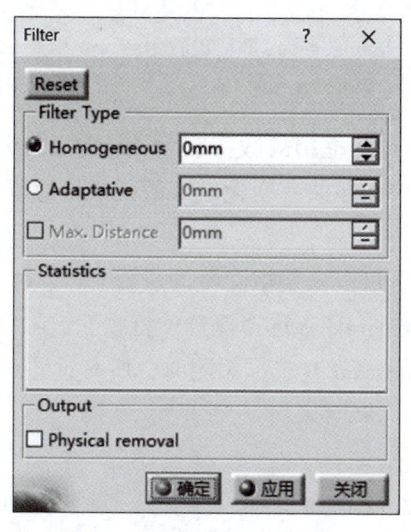

图6-15　"Filter"对话框

项目六　数字化外形编辑器　95

球过滤法：在过滤点云上出现一个绿色的过滤球，可以在对话框中修改球的半径，半径越大，过滤后的点云越稀疏，如图 6-16 所示。也可以通过用鼠标单击云的方式改变球的位置。过滤原理是在球沿点云运动时，凡是在球里面的点将被一个点代替，其余点被隐藏。

注意：球的半径不能小于收集点云的步长。

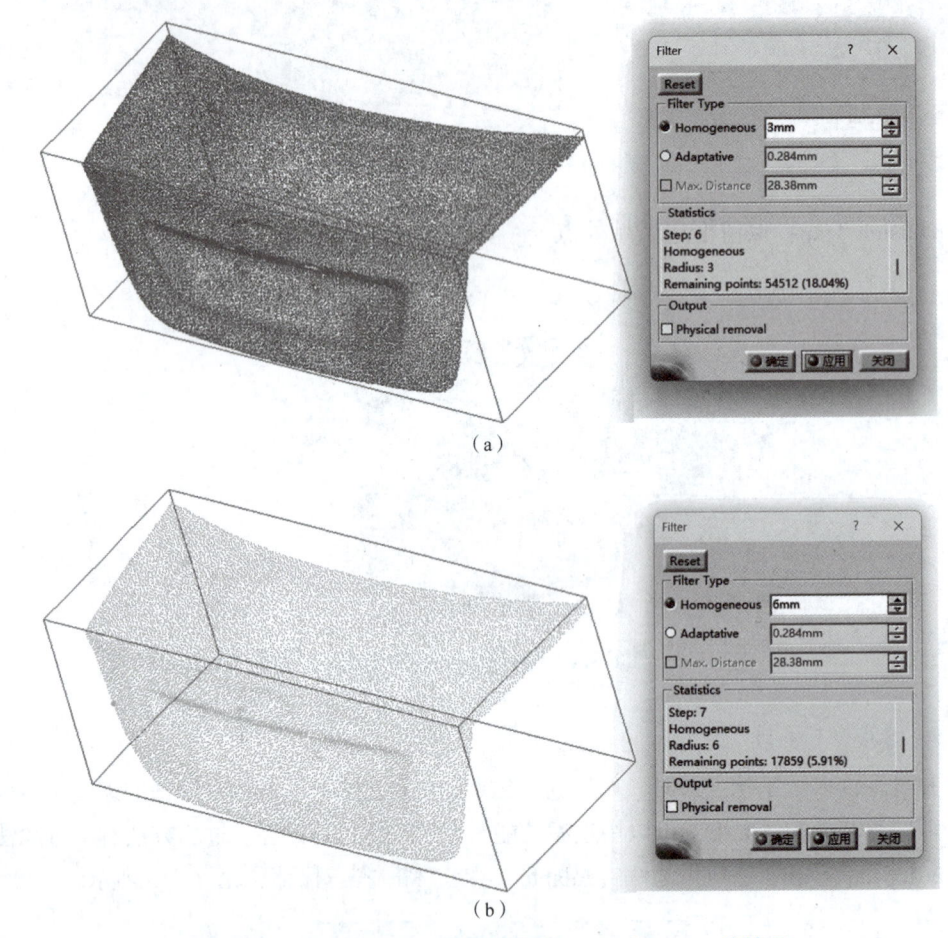

(a)

(b)

图 6-16　Homogeneous 数值设置为 3 mm 和 6 mm 的情况

(a) 数值设置为 3 mm；(b) 数值设置为 6 mm

自适应过滤法：Adaptative 框中的数字表示点云过滤的弦差。用这种方法过滤平坦区域将有较多点被隐藏，而在曲率变化较大的区域将隐藏较少的点，这样可以突出曲率变化区域。

注意：当弦差为零时，可以恢复被隐藏的点。

物理删除（Physical removal）：选择该选项将删除被隐藏的点。

注意：①当 Physical removal 复选框关闭时，所有过滤点只是隐藏，而不是删除。

②不能过滤多边形。

③点云过滤后不能取消。

④当你过滤扫描线或格子时，实际上是扫描线或格子隐藏，新的扫描线或格子生成。

⑤被物理删除的点不能恢复。

3. 删除（Remove）

删除在点云处理中非常有用，可以删除不需要的点，方便后面造型处理。"删除"和"激活"对话框相似，操作也大体相同，但其最大差别是"删除"侧点是不能恢复的。

三、"点云网格化"（Mesh）工具栏

通过"点云网格化"功能，可以在点云上建立三角片网格，使点云的几何形状更加明显，方便点云轮廓的建立。"Mesh"工具栏如图6-17所示。

图6-17 "Mesh"工具栏

1. 建立网格面（Mesh Creation）

为了更好地辨识点云的各个特征，方便重建模型，需要将处理好的点云进行铺面。其中"建立网格面"工具就可以把点云铺成网格面。"Mesh Creation"对话框如图6-18所示。

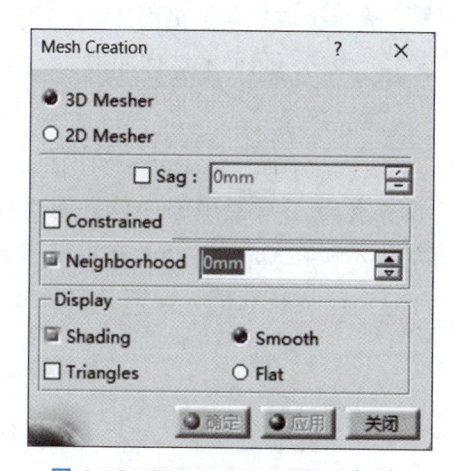

图6-18 "Mesh Creation"对话框

1）3D Mesher。这是一个复杂的多边形计算，计算时间随着模型的尺寸和复杂程度而增加。在进行此操作时，最好预先"过滤"。勾选Neighborhood复选框，点云上出现一个圆球，在其文本框中设置圆球半径，设置的半径越大，建立的网格面越密集。

2）2D Mesher。利用"2D Mesher"可以快速获得多边形面，但是需要指定一个投影方向，有两种方法，如图6-19所示。

①单击 按钮，选择参考面作为投影方向。

②单击 按钮，表示以"指南针"的某个方向为投影方向，可以旋转"指南

项目六 数字化外形编辑器 97

针"从而改变投影方向。

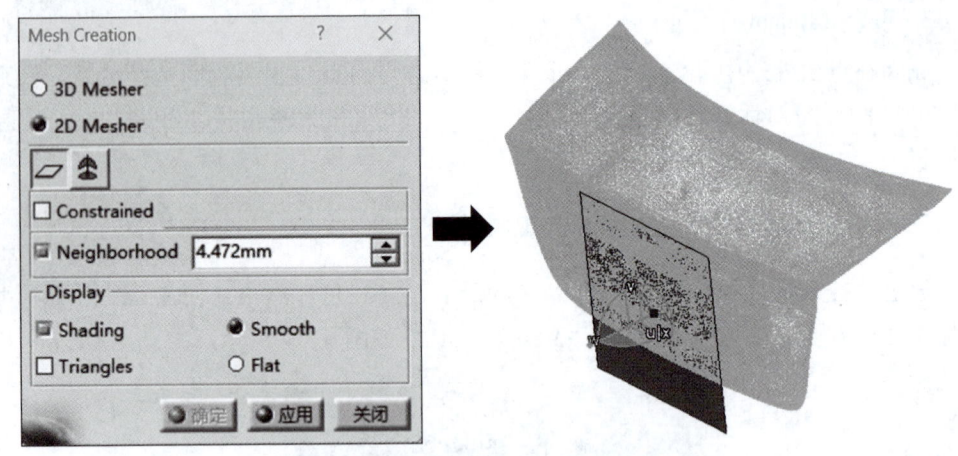

图 6-19 "建立网格面"工具的使用

3）Neighborhood。设置大小后，产生一个小球，该小球内的三个点才能铺面，即半径越大，铺面越多，半径越小，球内的点越少，铺面越少。

4）Display。选项区域下设置点云网格化的显示模式。

①勾选 Shading 复选框，显示网格面打光情况。

②勾选 Smooth 复选框，使得网格面更加光滑。

③勾选 Triangles 复选框，表示生成三角网格面。

④勾选 Flat 复选框，表示光线向三角面的法向照射。

2. 偏置网格面（Offset）

与"曲面偏置"类似，"偏置网格面"工具可以将网格面沿着网格面的法向偏置一定的距离。单击"点云网格化"工具栏中的"偏置网格面"按钮，弹出"Mesh Offset"对话框，如图 6-20 所示。在 Offset Value 文本框中输入偏置的距离。勾选 Free Edges 选项区域中的 Create scans 复选框，在偏置的网格面上建立网格面的自由边线。

图 6-20 "Mesh Offset"对话框

3. 平顺网格面（Mesh Smoothing）

单击"点云网格化"工具栏中的"平顺网格面"按钮，弹出"Mesh Smoothing"对话框，如图 6-21 所示。

1）选中 Single effect 单选按钮，表示移去较小的网格面。

2）选中 Dual effect 单选按钮，表示减少网格面的粗糙度。

3）调节 Coefficient 滑块，可以调整平顺的系数，系数越大，网格面越平整。

4）勾选 Max Deviation 复选框，在其后的文本框中设置允许进行平顺调整的最大距离值。

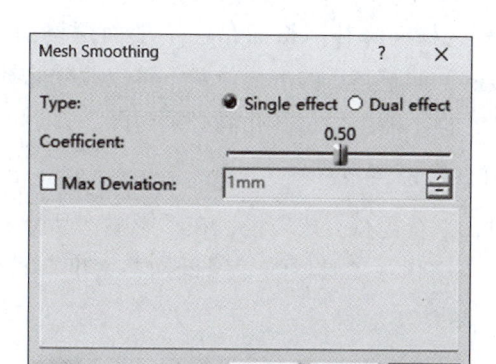

图 6-21　"Mesh Smoothing"对话框

4. 修补网格面（Fill Holes）

若是铺出来的网格有破洞，则可以利用"修补网格面"工具填补破洞。单击"点云网格化"工具栏中的"修补网格面"按钮，弹出"Fill Holes"对话框，如图 6-22 所示。

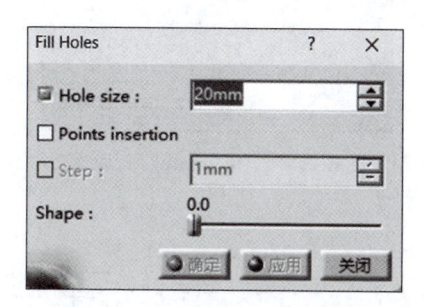

图 6-22　"Fill Holes"对话框

选择需要进行修补的网格面，系统自动找到网格面的缺口。V 表示该缺口的边线已被选中，X 表示未被选中，如图 6-23 所示。

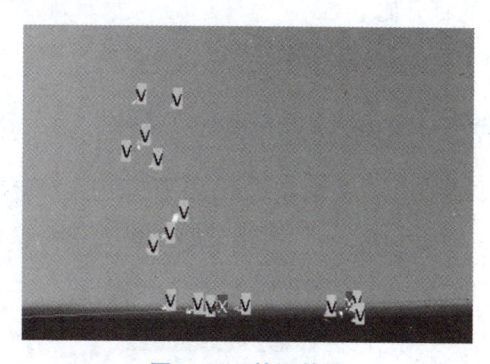

图 6-23　补洞效果

1）勾选 Hole size 复选框，并在其后的文本框中设置相应的数值，表示小于此值的缺口被选中，大于或等于此值的缺口不被选中。

2）勾选 Points insertion 复选框，并在 Step 文本框中设置网格的最大边长，如果网格的边长大于此值，将增加节点。

3）不勾选 Shape 复选框，修补网格面是一个平面网格面；勾选 Shape 复选框，修补网格面是平滑过渡的，调整其后的滑块位置，可以改变修补网格面的曲率。

注意：①可以取消，但不能重做。②孔洞必须封闭。

5. 降低网格密度（Decimate）

当网格密度较大时，系统运行会比较慢，在不影响产品特征的情况下，可以降低网格密度。单击"点云网格化"工具栏的"降低网格密度"按钮，系统弹出"Decimate"对话框，如图 6-24 所示。

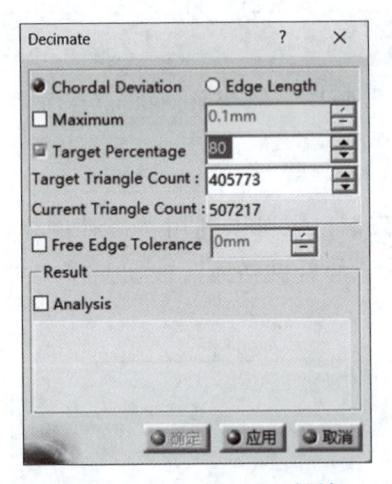

图 6-24 "Decimate" 对话框

1）选择降低网格面密度的方式。

①Chordal Deviation 方式：可以较好地保留网格面的形状。

②Edge Length 方式：将网格面中小于设定最小值的三角网格移去，形成较平均的网格面。

2）勾选 Target Percentage 复选框，在其后的文本框中设置百分比，表示降低后的网格密度占原来密度的百分比。

3）勾选 Free Edge Tolerance 复选框，可以在其微调框中设置最大偏差值。

四、"创建扫描线"（Scan Creation）工具栏

"创建扫描线"工具是为了方便地在点云或网格面上绘制交线，作为逆向设计其他过程的参考和依据。"Scan Creation"工具栏如图 6-25 所示。

图 6-25 "Scan Creation" 工具栏

1. 曲线投影（Curve Projection）

在"创建扫描线"工具栏中单击"曲线投影"按钮，系统弹出"Curve Projection"对话框，如图6-26所示。

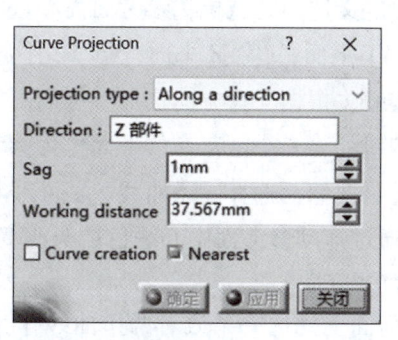

图6-26 "Curve Projection"对话框

1）在 Projection type 下拉列表中选择投影方式。

①Normal 方式：沿需要投影曲线的法向投影。

②Along a direction 方式：在 Direction 文本框中右击，在弹出的选择菜单中选择 Edit Components 命令可以设置 X、Y、Z 的数值，确定投影方向；选择 Compass Direction 命令将以指南针的 W 轴作为投影方向。

2）在 Sag 文本框中设置投影到点云上的交线所包含的点云的间距，数值越大，交线上的点云越少。

3）在 Working distance 文本框中设置生成交线涉及的点云宽度，数值越大，交线上的点越多。

4）勾选 Curve creation 复选框，可以将此交线生成曲线。

2. 平面交线（Planar Sections）

在"创建扫描线"工具栏中单击"平面交线"按钮，弹出"Planar Sections"对话框，如图6-27所示。

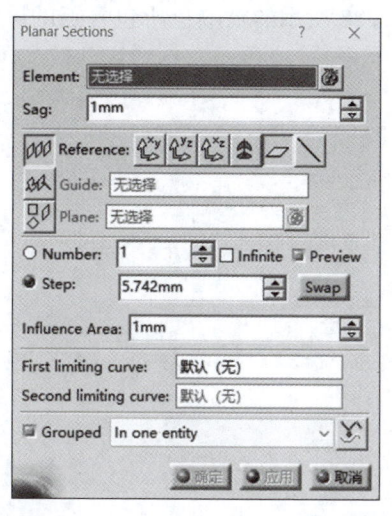

图6-27 "Planar Sections"对话框

项目六 数字化外形编辑器 101

对话框中有默认的参考平面、截面数和步长。自定义参考平面是非常有用的，能定义任何位置的参考平面；另外，在固定的选项区域可以选用是用步长定义切割面，还是用截面数定义切割面。

1）根据需要，在平面定义选项区域挑选参考面类型：

①预先定义平面： XY 平面； YZ 平面； XZ 平面。

②单击"罗盘" 按钮，根据罗盘方向选择参考面。

③单击"平面" 按钮，将一个已存在的平面作为参考平面。

④单击"截面导线" 按钮，选择一条曲线，截面线将与此曲线正交。

参考面确定后，可以通过拖动参考面中心绿色箭头改变它的方向，也可以通过单击"交换"（Swap）按钮改变方向。

如果需要，可以在任何面上挑选一条或者两条曲线作为限制线。若选一条曲线，则它的名字将出现在 First；若选两条曲线，则第一条曲线的名字会出现在 Second；若需对已选中的限制线进行替代，激活被代替线区域，然后选中新的限制线。

2）定义切割面：

①用步距定义切割面：

A. 选中固定区的"步长"单选按钮。

B. 在"步长"对话框中输入步长。

C. 在"截面数"（Number）对话框中输入切割面数或者单击微调按钮达到需要的截面数。

②用截面数定义切割面：

A. 选中固定区的"截面数"单选按钮。

B. 在"截面数"对话框中输入数量。

C. 在"步长"对话框中输入步长或者单击微调按钮达到需要的步长。

注意：在模型较大时，勾选"无限制"（Infinite）复选框，是非常有用的。勾选后在荧屏上显示的平面仅仅代表参考面的位置，还需要定义截面步长。

3）切割面影响区（Influence Area）：当点云较稀时，截面可能与点云不相交，切割面影响区就是指如图 6-28 所示的黄颜色所包含点的区域，因此需要自己定义区域的宽窄。

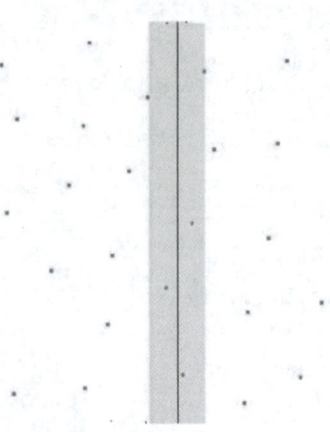

图 6-28 切割面影响区

4）截面线类型：

①独立型（Distinct）：每条截面线都独立地出现在结构树上。

②成组型（Grouped into one entity）：形成的截面线以组的形式出现在结构树上。

注意：截面线可以以 ASCII 的文件格式输出。

如图 6-29 所示，为自行车坐垫通过"平面交线"工具得到每个切割面的曲线。

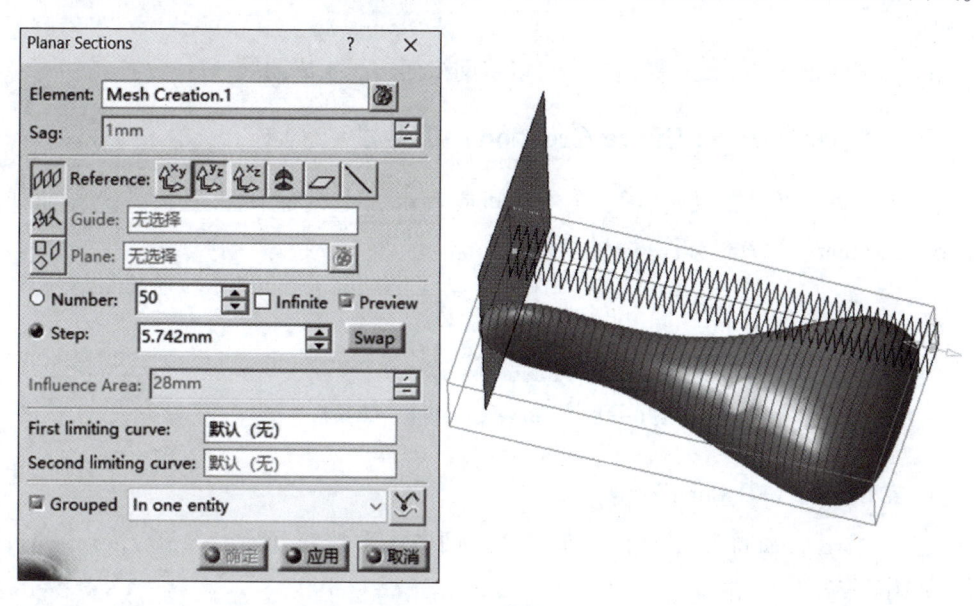

图 6-29 自行车坐垫平面交线

3. 点云交线（Create Scans on Clouds）

在"创建扫描线"工具栏中单击"云点交线"按钮，通过用鼠标在点云上选取一系列的点，构成的交线为点云交线。

注意：1）在选点时，经常用到"取消"和"重做"工具。

2）一条扫描线不能在几片点云上生成。

3）如果按住 Ctrl 键移动指针，扫描线将被显示。

4. 网格面边线（Free Edges）

"网格面边线"工具可以识别网格面的边线，从而建立一系列的交线。在"创建扫描线"工具栏中单击"网格面边线"按钮，弹出"Free Edges"对话框，如图6-30所示。

图 6-30 "Free Edges"对话框

1）选择一种网格面边线保存的方式，类似于平面交线。

2）选择需要创建网格面边线的网格面，系统会自动识别出网格面的所有边线。

3）交线上的 V 标志表示创建此边线，X 标志表示不创建此边线，单击 V、X 可以在二者之间切换。

4）设置网格面边线的起点和终点，通过调整箭头方向可以改变创建网格面边线的方向。

5）勾选 Curve Creation 复选框，可以将网格面边线生成曲线。

五、"创建曲线"（Curve Creation）工具栏

通过"创建曲线"功能，可以在空间或者点云上创建任意形状的空间曲线。"Curve Creation"工具栏如图 6-31 所示。

图 6-31 "Curve Creation"工具栏

1. 空间曲线（3D Curve）

在"Curve Creation"工具栏中单击"空间曲线"按钮，弹出"3D Curve"对话框，如图 6-32 所示。

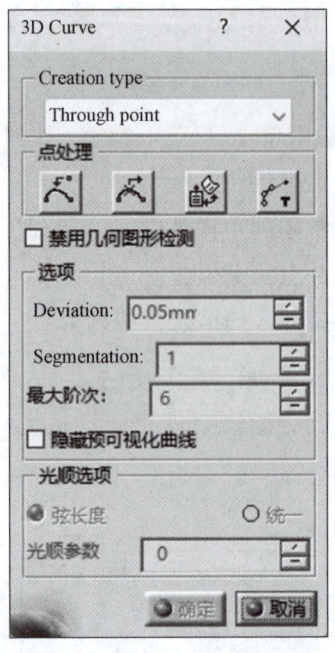

图 6-32 "3D Curve"对话框

1）在 Creation type 下拉列表框中选择一种建立曲线的方式。

①Through point 方式：选择点云上的点作为曲线的通过点。

②Control point 方式：选择点云上的点作为曲线的控制点。

③Near point 方式：选择点云上的点作为曲线的近似点，并在 Deviation 文本框中输入空间曲线与所选的点之间的最大偏差，在 Segmentation 文本框中设置曲线的段数，在曲线的 N 字上右击，在弹出的菜单中设置曲线的阶数。

2）在选择的点上右击，弹出快捷菜单：

①选择 Edit 命令，对当前的点进行编辑；

②选择 Keep this point 命令，生成当前的点；

③选择 Impose Tangency 命令，可以指定该点的斜率；

④在箭头上右击 Edit 命令，可以编辑该点的斜率；

⑤选择 Impose Curvature 命令，同样可以编辑该点的曲率；

⑥选择 Remove this point 命令，移除选择的点；

⑦选择 Constrain this point 命令，约束选择的点。

3）单击 按钮，可以在曲线上增加一点。

4）单击 按钮，可以移除曲线上的一点。

5）单击 按钮，可以将曲线上的一点约束到其他点上。

6）单击 按钮，可以在曲线上插入相切点。

2. 交线曲线（Curve from Scan）

通过"交线曲线"工具可以使创建的交线生成曲线。在"创建曲线"工具栏中单击"交线曲线"按钮，系统弹出"Curve from Scan"对话框，如图 6-33 所示。

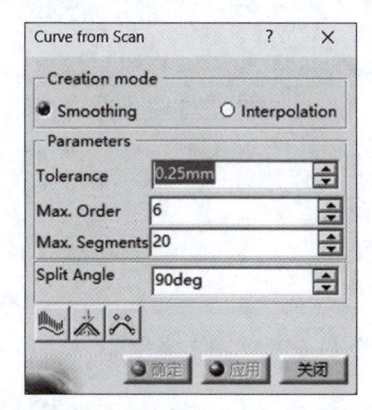

图 6-33 "Curve from Scan" 对话框

1）选择创建曲线的方式，Creation mode 选项区域下有两种方式：

①Smoothing 方式：选中 Smoothing 单选按钮，表示在移动误差范围内，将交线上的点平滑排列，并用这些点绘制曲线。在 Parameters 选项区域中设置相关参数，在 Tolerance 文本框中设置曲线和交线之间的误差；在 Max. Order 文本框中设置曲线的最大阶数，在 Max. Segments 文本框中设置曲线的最大段数。

②Interpolation 方式：选中此单选按钮，表示在交线上插入点，并用这些点绘制曲线，在 Parameters 文本框中设置相关参数（与 Smoothing 方式中设置相同）。

2）在 Split Angle 文本框中设置曲线的分割角度。表示当曲线的角度变化大于设定值时，将自动分成两段曲线。

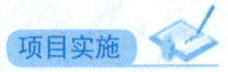

数字化曲面编辑实例——汽车后备箱盖

一、任务分析

汽车后备箱盖是用来盖住汽车后部行李箱的组件，其设计外形除了要满足保障汽车安全的需求外，还应考虑风阻和空气动力学的问题，降低车辆的风阻系数和提高行驶稳定性，以降低油耗，达到节能环保的作用。本项目就运用"数字化外形编辑器"模块完成汽车后备箱盖的点云导入和网格化过程。

二、主要知识点

本任务将学习"点云输入"工具、"建立网格面"工具、"修补网格面"工具的使用方法和一般操作步骤。

二、实施步骤

任务一：导入点云

步骤一：单击"点云输入"按钮，导入点云资源，如图 6-34 所示。

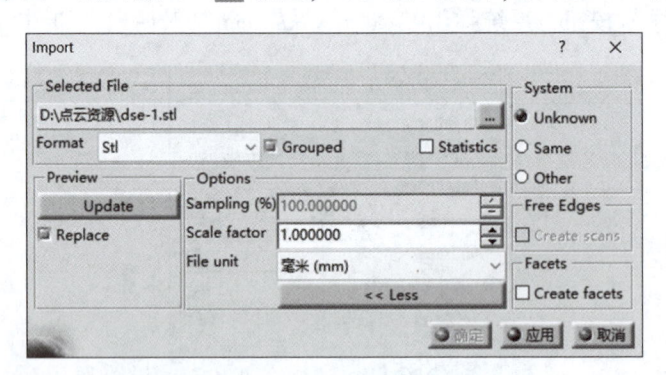

图 6-34　导入汽车后备箱盖的点云数据

步骤二：在输入点云后，在 Import 对话框中按情况进行选择，然后单击"应用"按钮，点云输入结果如图 6-35 所示。

图 6-35　汽车后备箱盖点云输入结果

任务二：建立网格面

步骤三：单击"建立网格面" 按钮，Neighborhood 文本框中的数值视情况而定，此处设置为"8 mm"，如图 6-36 所示。

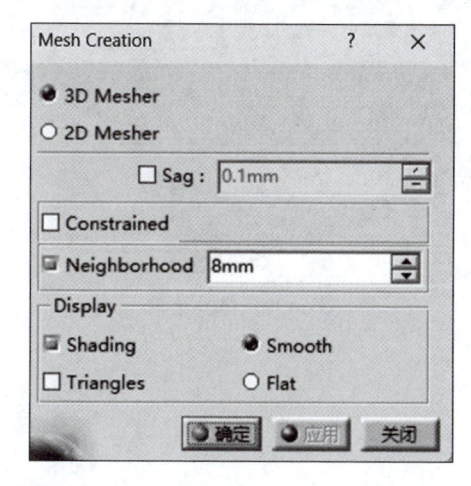

图 6-36　汽车后备箱盖点云网格面建立设置

步骤四：单击"应用"按钮，得到网格面建立结果，如图 6-37 所示。

图 6-37　网格面建立结果

任务三：修补网格面

步骤五：单击"修补网格面" 按钮，执行"修补"命令，修补过程如图 6-38 所示。

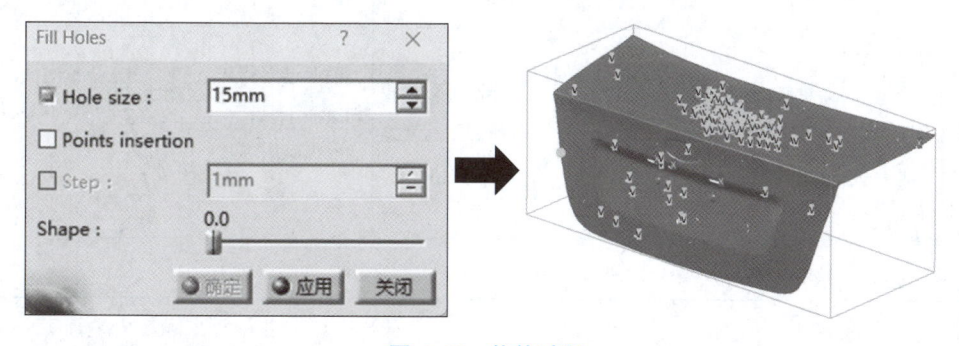

图 6-38　修补过程

项目六　数字化外形编辑器　107

步骤六：单击"应用"按钮，修补结果如图6-39所示。

图 6-39　修补结果

项目评价

自主完成"项目实施"后，结合自身情况完成项目评价。

自评分>80 分，表示对本项目知识点掌握全面。

自评分 60~80 分，表示对本项目知识点已经掌握，但是应用能力不够，还需多加练习，提高熟练度。

自评分<60 分，表示对本项目知识点掌握程度不够，还需巩固知识点，多加练习，提高熟练度。

评分项	评分细则					自评分
完成时间（20分）	<15 min（20分）	15~20 min（15分）	20~25 min（10分）	25~30 min（5分）	>30 min（0分）	
点云分析能力（20分）	能快速分析出点云中各个特征点，并能快速联想到所需工具（40分）	能自主分析出点云中各个特征点，并能联想到所需工具（30分）	结合"实施步骤"能看懂点云特征点，并能联想到所需工具（20分）	结合"实施步骤"能看懂点云特征点，但不会联想到所需工具（10分）	看不懂"实施步骤"中对点云特征点的分析（0分）	
应用"点云输入""建立网格面""修补网格面"等工具（20分）	快速找到所需工具，并能熟练应用（40分）	能通过查找找到所需工具，并能熟练应用（30分）	能通过查找到所需工具并进行应用（20分）	能通过查找到所需工具，不能熟练应用（10分）	不知道所需工具在哪（0分）	
总分						

108　CATIA V5 逆向设计案例教程

项目七　快速曲面重建

项目引入

快速曲面重建（Quick Surface Reconstruction，QSR）是逆向设计中的专用工具之一。该模块为不论是否具有机械几何特征的曲面重建提供了一种快捷易用的手段。快速曲面重建不仅可以构造不具有平面、圆柱面和倒圆角特征的自由曲面，还可以构造包括自由曲面在内的，其他具有机械特征如凸台、加强筋、斜度和平坦区域的特征曲面。

学习目标

技能目标

（1）提高空间想象能力。

（2）掌握轮廓建立技巧。

（3）掌握曲面建立技巧。

（4）掌握面分析技巧。

知识目标

（1）掌握轮廓与点云之间的联系。

（2）掌握曲面与建立轮廓和依附点云的联系。

（3）掌握分析数据与点云轮廓及轮廓建立的关系。

素养目标

（1）培养由分析数据建立曲线，再由分析数据验证所建立曲面的正向和逆向思维。

（2）培养细致入微的态度。

知识链接

知识点一　认识快速曲面重建

快速曲面重建模块可以直接依据点云数据重建曲面，也可以将原有实体修改后，通过数字化处理成点云数据，重建 CAD 模型上需修改的曲面。该模块可以让设计者决定是注重重建曲面的效力还是重建曲面的质量，或综合考虑两者以满足不同需求。QSR 构造的曲面还可以设置参数以适应修改的需要。

知识点二 熟悉快速曲面重建

快速曲面重建模块由"点云编辑""创建扫描线""创建曲线""创建域""曲面创建""几何操作""变换""点云划分"工具栏组成。

一、"点云编辑"（Cloud Edition）工具栏

"Cloud Edition"工具栏如图 7-1 所示。

图 7-1 "Cloud Edition"工具栏

"点云编辑"工具栏里只有一个工具，即"激活点云" （Activate）。此工具用来直接选择点云元素（如点、扫描线、点云）或利用二维、三维圈定部分点云作为当前工作点云。详细讲解可参考项目六相关内容。

二、"创建扫描线"（Scan Creation）工具栏

"创建扫描线"工具栏能记载点云或网格面上生成交线，为曲线的创建作准备。主要包括曲线投影、平面交线、网格面边线。详细讲解可参考项目六相关内容。"Scan Creation"工具栏如图 7-2 所示。

图 7-2 "Scan Creation"工具栏

三、"创建曲线"（Curve Creation）工具栏

通过"创建曲线"工具栏，可以在空间或者点云上创建任意形状的曲线。主要包括空间曲线、交线曲线、相交曲线、投影曲线。详细讲解可参考项目六相关内容。"Curve Creation"工具栏如图 7-3 所示。

图 7-3 "Curve Creation"工具栏

四、"创建域"（Domain Creation）工具栏

当在点云上绘制好曲线后，可利用"创建域"工具栏通过相交曲线构造规则的轮廓。主要工具包括净轮廓（Clean Contour）、网格曲线（Curves Network），如图7-4所示。

图7-4 "Domain Creation"工具栏

轮廓清理（Clean Contour）

"创建域"工具栏下的"轮廓清理"工具可将一组相交或不相交曲线或曲面边界形成封闭或不封闭的轮廓。"Clean Contour"对话框如图7-5所示。

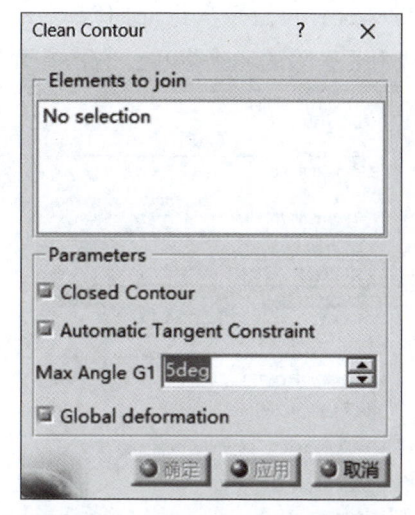

图7-5 "Clean Contour"对话框

选择曲线或曲面边界，此时选中的曲线将显示默认的约束（Free或Fixed），如图7-6所示。

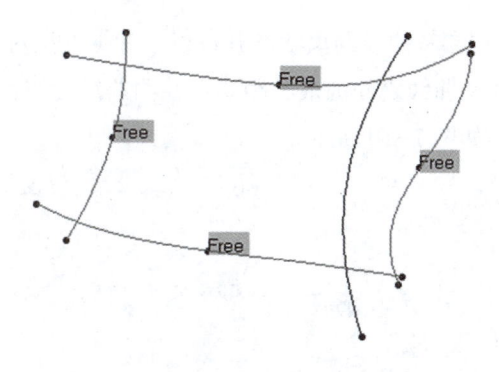

图7-6 选中的曲线显示默认的约束

项目七 快速曲面重建 111

单击"Free"颜色区域可直接改变约束类型，如图7-7所示，也可用右击在弹出的快捷菜单中选择所需约束类型，如图7-8所示。

图7-7 单击"Free"颜色区域改变约束种类

图7-8 右击在弹出的快捷菜单中选择所需约束类型

若需去除对已选曲线的选择，可直接单击此曲线或在 Clean Contour 对话框中的 Elements to join 选项区域选中要去除的元素名称，右击在弹出的快捷菜单中单击 Remove，如图7-9所示。

图7-9 去除对已选曲线的选择

"轮廓清理"工具将参考曲线约束状态并按以下计算方法对所选元素进行处理。

计算方法一：假如两曲线之间的最小距离点在两曲线之间且不是端点，则两曲线连于此点或假想交点，如图7-10所示。

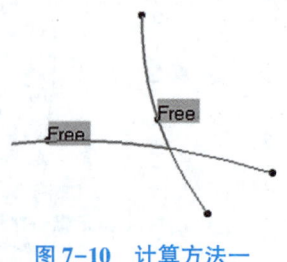

图7-10 计算方法一

计算方法二：假如两曲线之间的最小距离点是两曲线端点，则依两曲线长度权重自动产生一最小距离点，并依此最小距离点将两曲线相连，如图 7-11 所示。

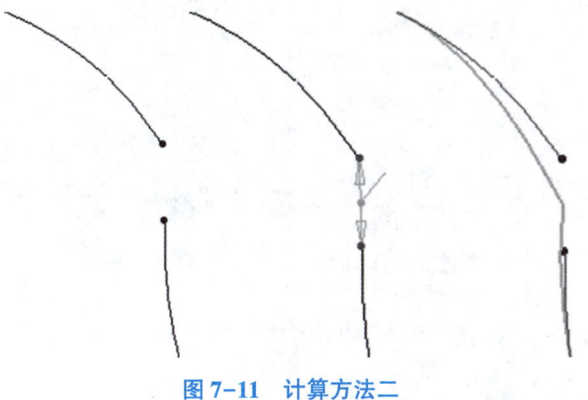

图 7-11　计算方法二

计算方法三：假如两曲线间的最小距离点中的一个是一条曲线的端点，则将此曲线端点移至另一曲线相应的最小距离点处，如图 7-12 所示。

图 7-12　计算方法三

在 Clean Contour 对话框中勾选"封闭轮廓"（Closed Contour）复选框，则按上述原理在最小距离点处裁剪曲线后自动形成封闭轮廓。

"自动相切约束"（Automatic Tangent Constraint）是指当这些曲线在端点与生成曲线相切的角度低于最大相切角度（Max Angle G1）时生成相切曲线。

单击"确定"按钮，系统将隐藏原有曲线，生成新的轮廓线。若结果不符合要求，可尝试单击 ✕ 按钮将曲线打断，再使用此工具。

五、曲面创建（Surface Creation）工具栏

"Surface Creation"工具栏如图 7-13 所示。

图 7-13　"Surface Creation"工具栏

1. 特征曲面识别（Basic Surface Recognition）

在"曲面创建"工具栏中单击"特征曲面识别"按钮，弹出"Basic Surface Recognition"对话框，如图 7-14 所示。

项目七　快速曲面重建　113

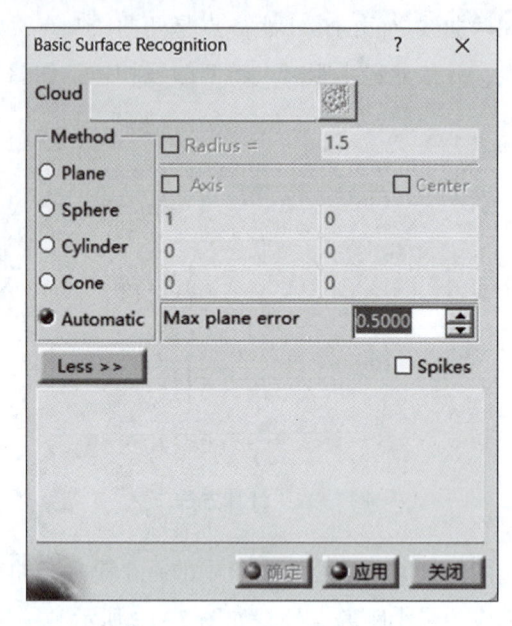

图 7-14 "Basic Surface Recognition" 对话框

在"生成方法"(Method)选项区域中依次有"平面"(Plane)、"球面"(Sphere)、"圆柱面"(Cylinder)、"圆锥面"(Cone)及"自动生成"(Automatic)选项。首先依据点云形状选择合适的生成方法种类,未知曲面形状点云如图 7-15 所示,选中"自动生成"单选按钮生成的形状曲面如图 7-16 所示。

图 7-15 未知曲面形状点云

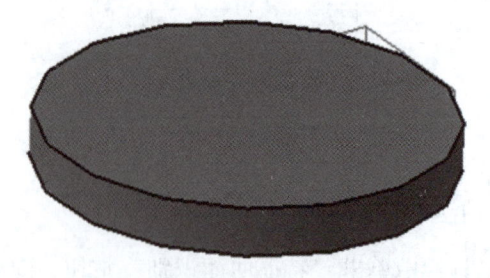

图 7-16 选中"自动生成"单选按钮生成的形状曲面

单击"应用"按钮，生成曲面。若在"生成方法"选项区域中选中"平面""球面""圆柱面"单选按钮，还可直接在对话框中选择要更改的参数，系统将按输入值给出结果。选中"平面"单选按钮可定义法线和通过点；选中"球面"单选按钮可定义球心点和球半径；选中"圆柱面"单选按钮可定义圆柱半径、圆柱轴线方向中心；选中"圆锥面"单选按钮无选项可选；选中"自动生成"单选按钮只能定义"平面最大误差"（Max plane error），如图7-17所示。

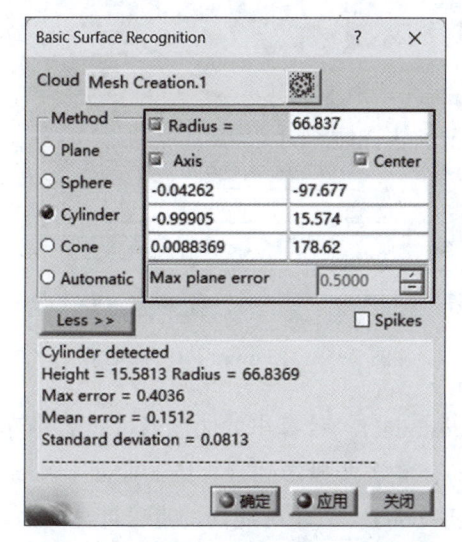

图7-17 更改"生成方法"中的参数

假如生成的是平面，可用指针对其"延伸"（沿箭头）及"旋转"（沿圆），如图7-18所示。

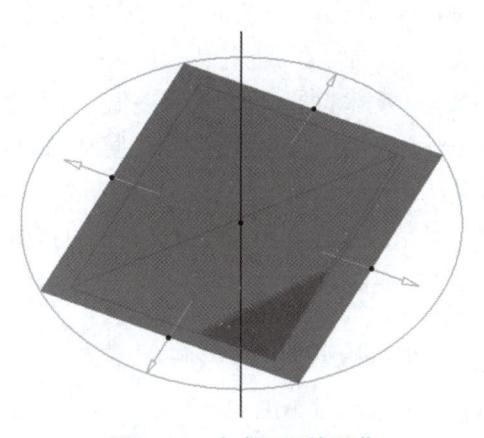

图7-18 生成平面的调节

2. 强力拟合（Power Fit）

在"曲面创建"工具栏中单击"强力拟合"按钮，弹出"Power Fit"对话框，如图7-19所示。

1）选择点云和经"轮廓清理"工具处理得到的轮廓，系统给出三个选项，选择其中一个选项。

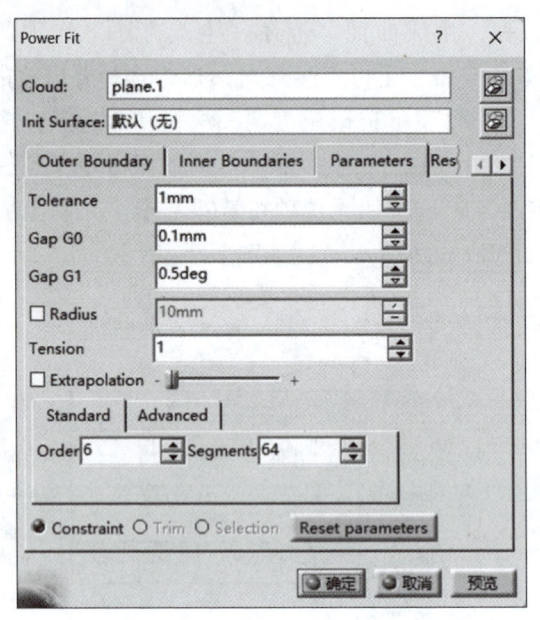

图 7-19 "Power Fit"对话框

① 受约束曲面（Constraint）：计算出的曲面通过轮廓并符合约束条件。

② 裁剪曲面（Trim）：轮廓线投影到计算出的曲面上并将曲面裁剪。

③ 区域内曲面（Selection）：以轮廓线内的点云计算曲面。

2）假如有初始曲面用于辅助要生成的曲面，可单击"初始曲面"（Init Surface）单选按钮。

3）单击 Parameters 按钮会出现下列选项。

① 误差范围（Tolerance）：控制生成的曲面与点云的最大误差，此数值可调节。

② 间距 G0（Gap G0）：生成的曲面与边界线的误差值，默认值为 1 mm。

③ 间距 G1（Gap G1）：两相邻曲面的相切误差值，默认值为 0.5 deg。

④ 半径（Radius）：当点云跳点较多时，很难达到生成的曲面都通过点云和轮廓。可以通过指定半径值将以选定曲线为中心的管状区域内的点过滤掉。

⑤ 张量（Tension）：数值范围在 0~4，较高张量值可得到较为张紧的曲面。

4）单击"预览"按钮生成曲面。

六、"几何操作"（Operations）工具栏

曲面生成后到形成最终曲面的过程中，需要对已生成的面进行大量编辑操作。其中包括"合并几何元素"（Join）、"延长曲线/曲面"（Extrapolate）、"切割曲面或线框元素"（Split）、"曲面棱线倒圆"（Edge Fillet）等工具，详细讲解可参考项目五相关内容。"Operations"工具栏如图 7-20 所示。

图 7-20 "Operations"工具栏

七、"变换"(Transformations)工具栏

在曲面编辑中,有些复杂的几何形状和结构,可利用"变换"菜单来实现,这样可以节约大量的时间和精力,包括"移动几何体"(Translate)、"转动几何体"(Rotate)、"缩放几何体"(Scale)等工具,详细讲解可参考项目四相关内容。"Transformations"工具栏如图7-21所示。

图7-21 "Transformations"工具栏

八、点云划分(Segmentation by Clouds)工具栏

"Segmentation by Clouds"工具栏如图7-22所示。

图7-22 "Segmentation by Clouds"工具栏

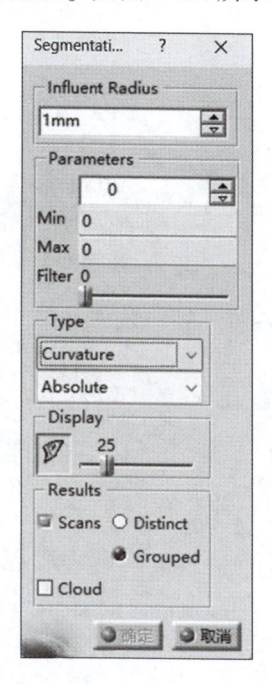

1. 曲率划分(Segmentation by Curvature)

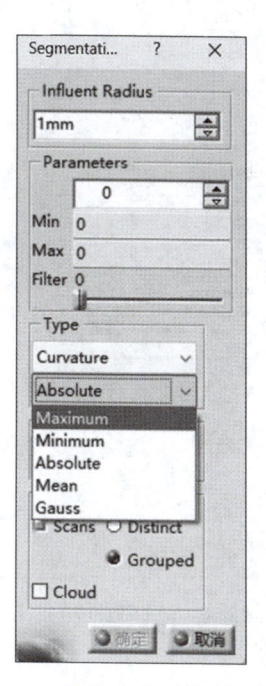

在"点云划分"工具栏中单击"曲率划分"按钮,弹出"Segmentation by Curvature"对话框,如图7-23所示。选择上色显示的多边形点云。在对话框的"类型"(Type)选项区域里有"曲率"(Curvature)和"半径"(Radius)选项,如图7-23所示。

1)曲率选项。如图7-24所示。

图7-23 "Segmentation by Curvature"对话框　　图7-24 "曲率"选项对应的联级菜单

项目七 快速曲面重建　117

① 最大曲率（Maximum）和最小曲率（Minimum）：做一个平面，此平面包含曲面指定一点处的法线方向，用此平面沿通过曲面指定点的一条已知曲率的曲线去切曲面。假如平面绕法线旋转，与曲面相交的曲线曲率会出现两个极值，分别为最大曲率（K_{max}）和最小曲率（K_{min}）。

② 绝对曲率（Absolute）：等于$|K_{max}|+|K_{min}|$，其极值出现处通常代表曲面最为平坦的地方。

③ 平均曲率（Mean）：等于（$K_{max}+K_{min}$）/2，其极值出现处通常代表曲面最为扭曲的地方。

④ 高斯曲率（Gauss）：相当于K_{max}和K_{min}的乘积，其描述曲面上某点处形状，正值代表此点为椭圆形状，负值代表此点为双曲线形状，"0"代表此点为抛物线形状。

2)"半径"选项对应的联级菜单里只有"最大值"（Maximum）和"最小值"（Minimum），如图7-25所示。

2. 斜率划分（Segmentation by Slope）

在"点云划分"工具栏中单击"斜率划分"按钮，弹出"Segmentation by Slope"对话框，如图7-26所示。

"指南针"（Compass）选项区域的文本框中可定义参考方向，亦可直接拖动指南针定义参考方向。在"数值"（Values）选项区域中可定义"角度"（Angle），系统会按在"结果"（Results）选项区域中指定的生成方式生成扫描线（Scans）或点云（Cloud），或两者都生成。

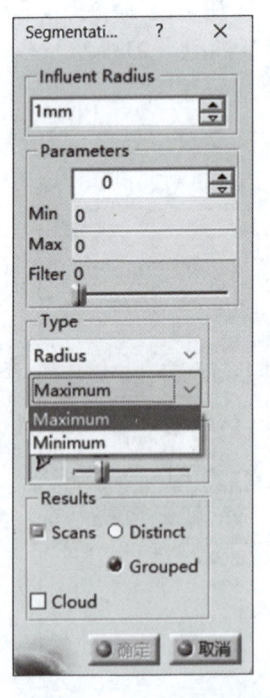

图7-25 "半径"选项对应的联级菜单 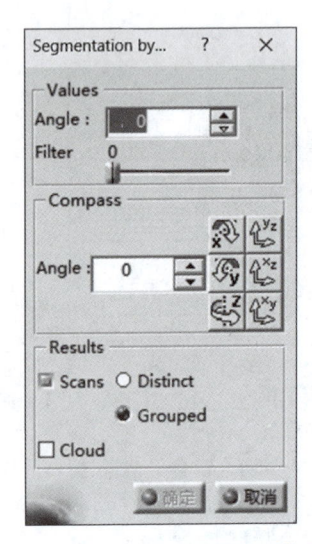　　图7-26 "Segmentation by Slope"对话框

项目实施

快速曲面重建实例——马鞍

一、任务分析

分析马鞍零件的点云，如图 7-27 所示，该零件左右对称，在逆向设计过程中，可以先完成一半零件的设计工作，然后通过"对称"工具，完成马鞍零件的设计。

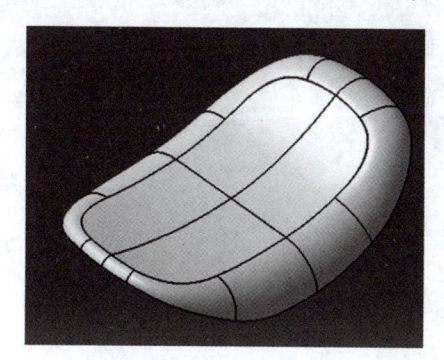

图 7-27 马鞍零件

二、主要知识点

本任务将学习"点云输入"工具、"平面交线"工具、"建立网格面"工具、"交线曲线"工具、"曲率划分"工具、"强力拟合"工具的使用方法和一般操作步骤。

三、实施步骤

任务一：导入点云数据

步骤一：新建零件。新建一个名称为 maan 的 part 文件。

步骤二：切换工作台。选择"开始"→ 形状 → Digitized Shape Editor 命令，系统切换至"数字化外形编辑器"工作台。

步骤三：选择命令。选择"插入"→ Import... 命令，系统弹出"Import"对话框，如图 7-28 所示。

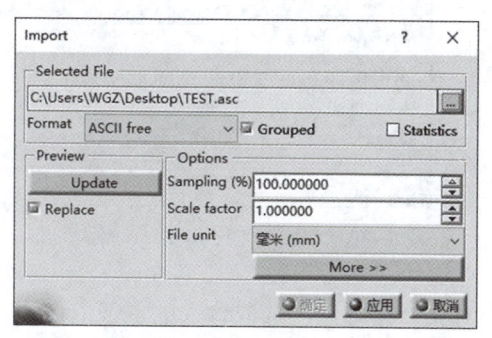

图 7-28 "Import"对话框

项目七 快速曲面重建 119

步骤四：选择打开文件格式。在"Import"对话框中的 Selected File 区域的 Format 下拉列表中选择 ASCII free 命令。

步骤五：选择"打开文件"命令。在对话框中单击 ![] 按钮，系统弹出"选择文件"对话框，在计算机的相应位置找到点云文件 TEST.asc，单击"打开"按钮。

步骤六：单击 Import 对话框中的"应用"按钮，然后单击"确定"按钮。完成点云数据加载，输入的点云数据如图 7-29 所示。

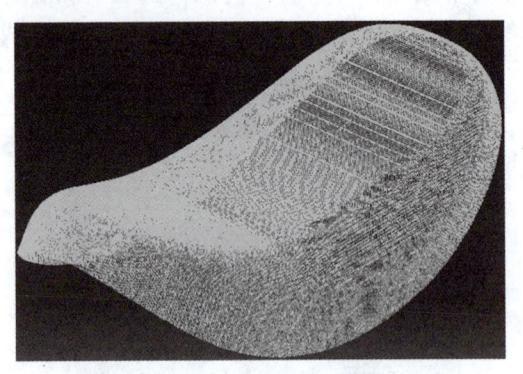

图 7-29　输入的点云数据

任务二：编辑点云

阶段一：检查点云。

加载点云数据后，需要对点云进行进一步的处理，使点云符合设计的需要。检查该点云中是否包含多余的杂点，如果有不属于零件本身的多余杂点，需要给予删除。

经过检查，该 TEST.asc 文件的点云没有多余杂点，继续进行下一步。

阶段二：创建点云网格面。

为了更好地识别点云的各个特征，方便重建模型，需要对点云进行网格化处理。

步骤七：选择命令。选择"插入"→Mesh→Mesh Creation 命令，弹出"Mesh Creation"对话框，如图 7-30 所示。

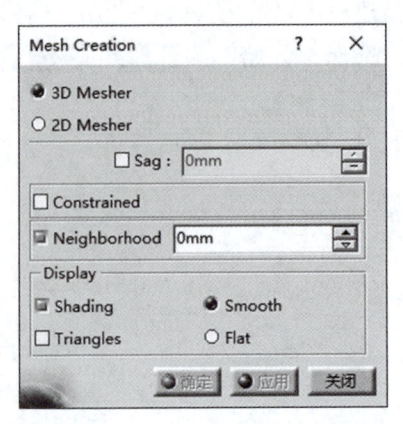

图 7-30　"Mesh Creation"对话框

步骤八：选择创建对象。在图形区选取输入的点云。

步骤九：定义创建方式。在"Mesh Creation"对话框中，选中 3D Mesher 单选按钮。

120　■ CATIA V5 逆向设计案例教程

步骤十：定义网格面参数和显示模式。在"Mesh Creation"对话框中，勾选 Neighborhood 复选框，在 Neighborhood 后的文本框中输入小平面边缘长度值 0.961 mm。然后在 Neighborhood 区域中选择 Shading 和 Smooth 命令，如图 7-31 所示。

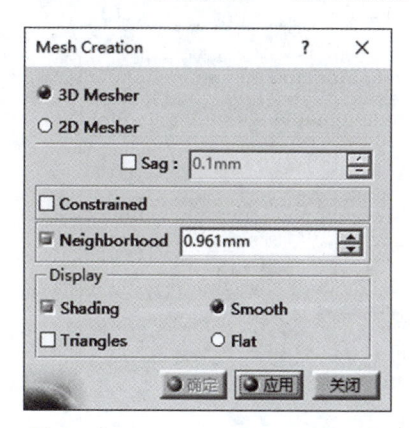

图 7-31 "Mesh Creation"对话框

步骤十一：单击对话框中的"应用"按钮，为了便于观察，将输入的点云隐藏。单击软件界面左端目录树的 TEST.1 按钮，鼠标右击"隐藏/显示"按钮，改变 Neighborhood 选项区域中的数值，直到网格面全覆盖，如图 7-32 所示。然后单击"确定"按钮，完成点云网格面的创建。

图 7-32 创建的点云网格面

任务三：激活一半马鞍点云

步骤十二：绘制点云对称线。选择"插入"→Scan Creation→Planar Sections 命令，单击点云网格面，然后，单击 Reference: 中的 Flip to plane selection 按钮，选择 ZX 平面，然后单击"确定"按钮，完成点云对称线的绘制，如图 7-33 所示。

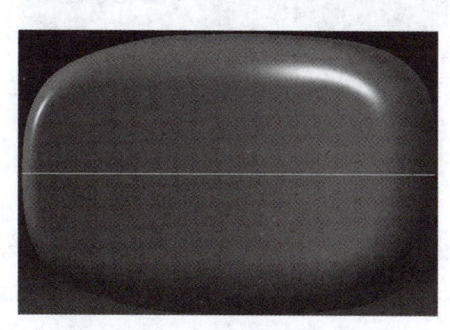

图 7-33 创建的点云对称线

项目七 快速曲面重建 ■ 121

步骤十三：激活一半网格面。选择"插入"→Cloud Edition→Activate 命令，系统弹出如图 7-34 所示的对话框，勾选图 7-34 所示参数，然后单击网格面，框选所需的一半网格，如图 7-35 所示。单击"确定"按钮，获得激活后的网格面，如图 7-36所示。

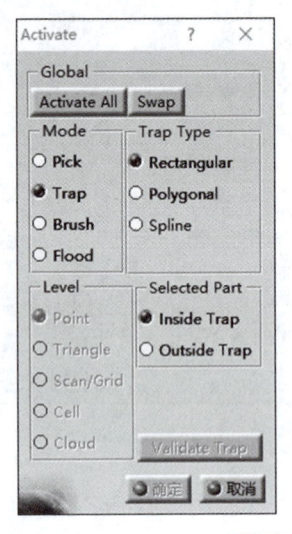

图 7-34 "Activate"对话框

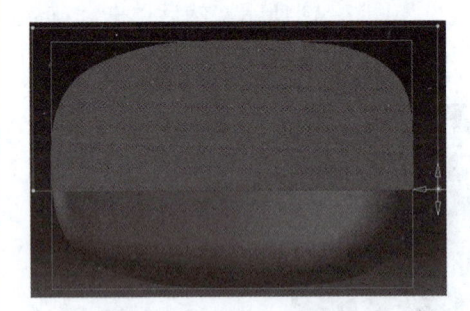

图 7-35 框选一半网格面 　　　　　图 7-36 激活后的一半网格面

任务四：创建中心线及轮廓线

步骤十四：创建中心线。选择"开始"→"形状"→Quick Surface Reconstruction，进入到快速曲面重构界面。选择"插入"→Segmentation→Segmentation by Slope 命令，单击网格面，再单击 按钮，单击"确定"按钮，结果如图 7-37 所示。

图 7-37 按斜率分割后的网格面

选择"插入"→Scan Creation→Planar Sections 命令，出现剖切面对话框，然后单击网格面，再单击对话框中的 按钮，用鼠标拖动箭头至与中心线基本重合的位置，单击"确定"按钮，结果如图 7-38 所示。

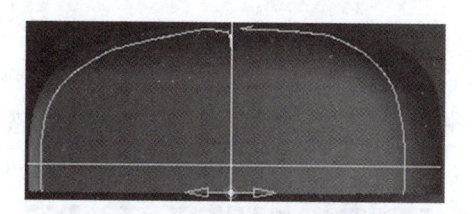

图 7-38　箭头与中心线基本重合图

步骤十五：创建轮廓线。选择"插入"→Segmentation→Segmentation by curvature 命令，单击网格面，然后多次单击网格面的圆角部分，选出圆角轮廓线，单击"确定"按钮，结果如图 7-39 所示。

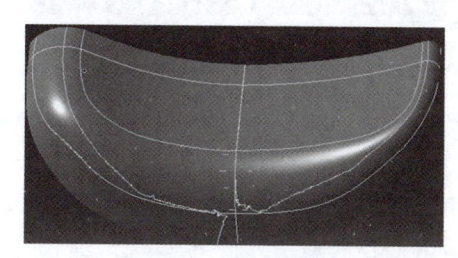

图 7-39　轮廓线图

步骤十六：创建 3D 曲线。选择"插入"→Curve Creation→3D Curve 命令，把圆角部分的两条轮廓线勾勒出来，尽量贴近轮廓线。单击"确定"按钮，结果如图 7-40 所示。

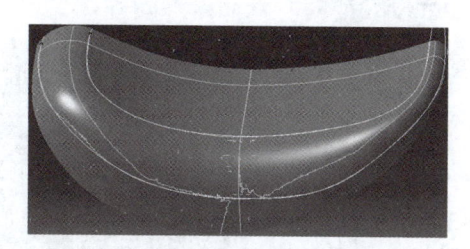

图 7-40　轮廓线转变后图

步骤十七：创建投影曲线。选择"插入"→Scan Creation→Curve Projection 命令，沿着法向方向投影，参数设置如图 7-41 所示。单击轮廓线曲线，然后单击网格面，单击"应用"按钮，单击"确定"按钮，重复上述操作，完成两条轮廓线创建投影曲线，同时隐藏原来轮廓线的操作，结果如图 7-42 所示。

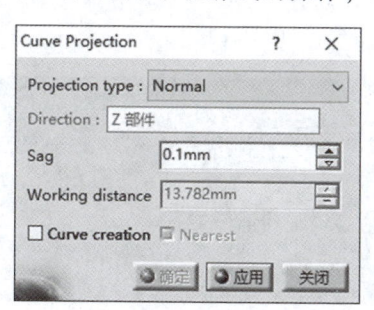

图 7-41　"Curve Projection"对话框参数设置 　　　图 7-42　轮廓线创建投影曲线

项目七　快速曲面重建　　123

步骤十八：创建曲线。选择"插入"→Curve Creation→Curve from Scan 命令，在对话框中更改精度为 0.1，其他参数默认，单击"应用"按钮，单击"确定"按钮，得到曲线。重复上述操作，将轮廓线、对称线、中心线等均改为曲线（白色），其结果如图 7-43 所示。

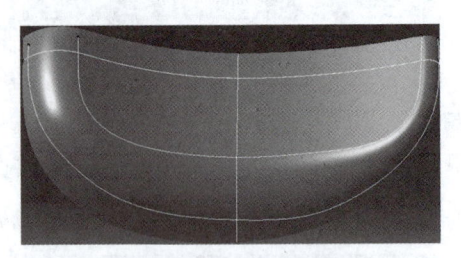

图 7-43　创建曲线

步骤十九：创建截面线。选择"插入"→Scan Creation→Planar Sections 命令，选择网格面，单击 Guide 按钮，在 Number 输入框中输入 6，"Planar Sections"对话框参数设置如图 7-44 所示。拖动网格面上端截面上的指示箭头，使各个截面均匀分布在网格面的轮廓线上，如图 7-45 所示。单击"应用"按钮，单击"确定"按钮，得到截面线。

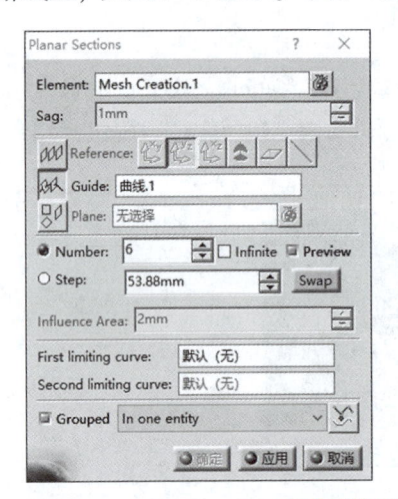

图 7-44　"Planar Sections"对话框参数设置　　　图 7-45　截面线位置图

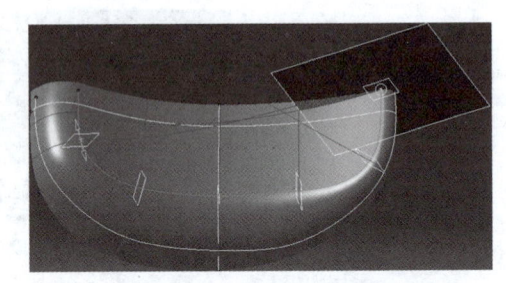

步骤二十：截面线转换成曲线。选择"插入"→Curve Creation→Curve from Scan 命令，单击一条截面线，然后鼠标移动到 Fixd 附近，右击，然后选择 Remove all points 按钮，点选截面线的圆角部分，如图 7-46 所示。单击"应用"按钮，单击"确定"按钮，得到圆角处的曲线，并隐藏原来的截面线，结果如图 7-47 所示。

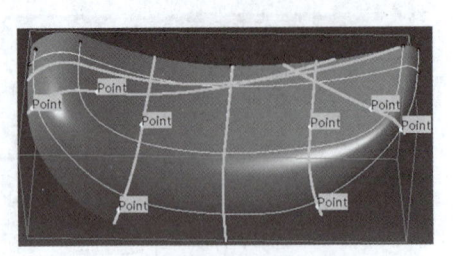

图 7-46　圆角处截面线节点　　　图 7-47　圆角处曲线图

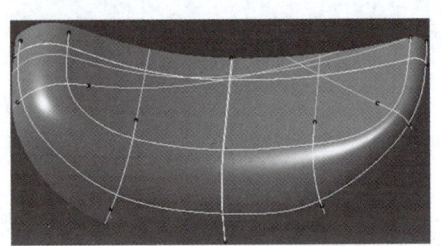

步骤二十一：打断轮廓线。选择"插入"→Operations→Curves Slice 命令，框选所有线，单击"应用"按钮，单击"确定"按钮，得到打断后的轮廓线，并隐藏原来的线，结果如图 7-48 所示。

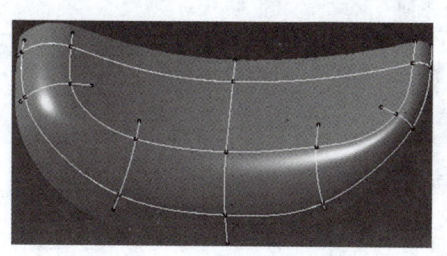

图 7-48　打断后的轮廓线

任务五：铺面

步骤二十二：作参考面。选择"开始"→"形状"→"创成式外形设计"命令，将软件界面切换到"创成式外形设计"工作台。单击"拉伸"按钮，将对称线沿-Y 方向拉伸一定距离，如 20 mm，然后将对称线隐藏，结果如图 7-49 所示。

图 7-49　参考面

步骤二十三：作其他面。单击"开始"→"形状"→Quick Surface Reconstruction 命令，转换到"快速曲面重构"工作台。选择"插入"→Surface Creation→Power Fit 命令，显示"Power Fit"对话框，将精度（Tolerance）改为 0.1，其他参数默认，如图 7-50 所示。隐藏网格面，单击 4 条临近的轮廓线，单击"应用"按钮，单击"确定"按钮，结果如图 7-51 所示。重复上述操作，完成曲面的创建，并将多余的线隐藏掉，其结果如图 7-52 所示。

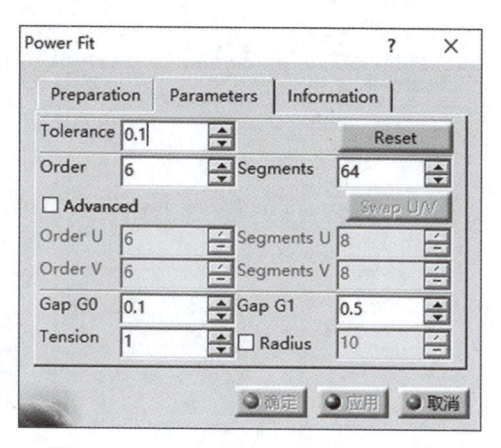

图 7-50　"Power Fit"对话框参数设置

项目七　快速曲面重建　125

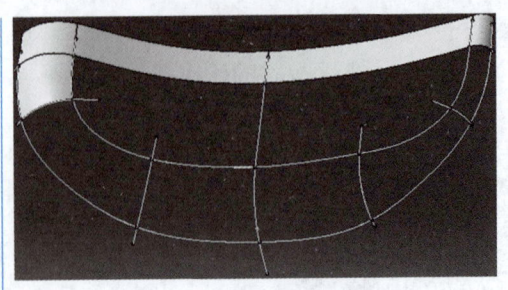

图 7-51　强力拟合后的曲面　　　　　　　图 7-52　完成曲面创建

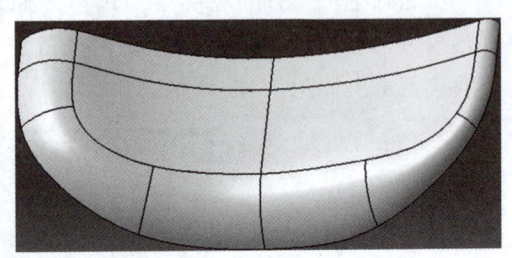

步骤二十四：接合曲面。选择"开始"→"形状"→"创成式外形设计"命令，将软件界面切换到"创成式外形设计"工作台。将参考面隐藏，然后单击 按钮，将合并距离改为 0.1，然后选取所有曲面，单击"确定"按钮，完成曲面接合。

步骤二十五：获得马鞍面。单击"对称" 按钮，将接合面沿 ZX 平面对称，得到完成的马鞍面，然后将其进行接合，最终结果如图 7-53 所示。

图 7-53　马鞍曲面

任务六：偏差分析

偏差分析。选择"开始"→"形状"→"Digitized Shape Editor"命令，转换到"数字化外形编辑器"工作台。选择"插入"→Analysis→Deviation Analysis 命令，显示"Deviation Analysis"对话框，在"参考"里面选择网格面，"测量面"里选择接合面，"Deviation Analysis"对话框如图 7-54 所示，然后单击"应用"按钮，单击"确定"按钮，得到偏差分析结果。

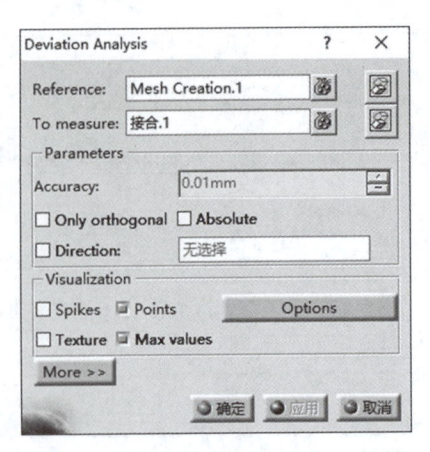

图 7-54　"Deviation Analysis"对话框

126　■　CATIA V5 逆向设计案例教程

项目评价

自主完成"项目实施"后，结合自身情况完成项目评价。

自评分>80 分，表示对本项目知识点掌握全面。

自评分 60~80 分，表示对本项目知识点已经掌握，但是应用能力不够，还需多加练习，提高熟练度。

自评分<60 分，表示对本项目知识点掌握程度不够，还需巩固知识点，多加练习，提高熟练度。

评分项	评分细则					自评分
完成时间（20分）	<15 min（20分）	15~20 min（15分）	20~25 min（10分）	25~30 min（5分）	>30 min（0分）	
点云分析能力（20分）	能快速分析出点云中各个特征点，并能快速联想到所需工具（20分）	能自主分析出点云中各个特征点，并能联想到所需工具（15分）	结合"实施步骤"能看懂点云特征点，并能联想到所需工具（10分）	结合"实施步骤"能看懂点云特征点，但不会联想到所需工具（5分）	看不懂"实施步骤"中对点云特征点的分析（0分）	
应用基本的点云处理工具（20）	快速找到所需工具，并能熟练应用（20分）	能通过查找找到所需工具，并能熟练应用（15分）	能通过查找找到所需工具，并进行应用（10分）	能通过查找找到所需工具，不能熟练应用（5分）	不知道所需工具在哪（0分）	
应用"交线曲线""曲率划分"工具（20）	熟练（20分）	较熟练（15分）	一般（能回忆起）（10分）	较不熟练（需翻看对应知识点介绍）（5分）	不熟练（0分）	
应用"强力拟合"工具（20）	熟练（20分）	较熟练（15分）	一般（能回忆起）（10分）	较不熟练（需翻看对应知识点介绍）（5分）	不熟练（0分）	
总分						

项目八　逆向设计实例

项目引入

CATIA 逆向设计主要应用数字化外形编辑器、快速曲面重建及创成式外形设计模块三大工具，它们是强大的逆向开发工具，能完成点云输入、输出、编辑，以及快速而便捷的曲面重建。

学习目标

技能目标

(1) 提高空间曲线、曲面的搭建能力。

(2) 掌握草图、零件设计工具在逆向设计中的使用。

(3) 掌握数字化外形编辑器、快速曲面重建及创成式外形设计模块工具在逆向设计中的使用。

知识目标

(1) 掌握数字化外形编辑器、快速曲面重建、创成式外形设计模块与逆向设计中点线面的搭建关系。

(2) 掌握各工具在逆向过程中的应用。

素养目标

(1) 培养分析问题的先后思路。

(2) 培养循序渐进解决问题的思维方式。

项目实施

实例一　后视镜逆向设计

一、任务分析

分析后视镜零件的点云，如图 8-1 所示，该零件的形状由多个曲面拼接而成，在逆向设计的过程中，可在对点云曲面曲率分布分析后，对点云进行分块处理，根据分块点云分别拟合独立的曲面，最后将各个独立曲面进行拼接修饰处理完成逆向工作。

图 8-1　后视镜零件

二、主要知识点

本任务将学习"点云拆分"⬛工具、"强力拟合"⬛工具、"外插延伸"⬛工具、"分割"⬛工具的使用方法和一般操作步骤。

三、实施步骤

任务一：导入点云数据

步骤一：新建零件。新建一个名称为 hou shi jing 的 part 文件。

步骤二：切换工作台。选择"开始"→"形状"→Digitized Shape Editor 命令，系统切换至"数字化外形编辑器"工作台。

步骤三：选择命令。选择"插入"→Import 命令，系统弹出"Import"对话框，如图 8-2 所示。

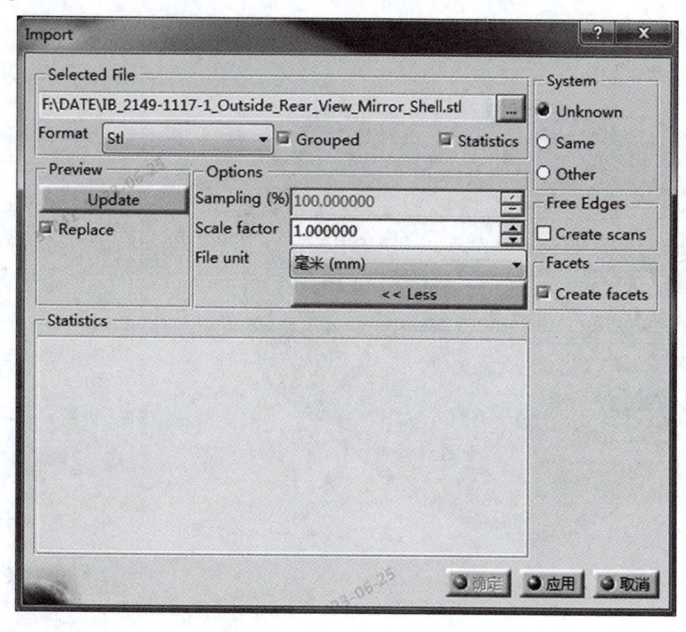

图 8-2　"Import"对话框

项目八　逆向设计实例　129

步骤四：选择打开文件格式。在"Import"对话框中的 Selected File 选项区域的 Format 下拉列表中选择 Stl 选项。

步骤五：选择打开文件。在对话框中单击 按钮，系统弹出"选择文件"对话框，在计算机的相应位置找到点云文件 IB_2149-1117-1_Outside_Rear_View_Mirror_Shell.stl，单击"打开"按钮。

步骤六：单击"Import"对话框中的"应用"按钮，然后单击"确定"按钮。完成点云数据加载，结果如图 8-3 所示。

图 8-3 点云数据加载结果

任务二：编辑点云

步骤七：点云曲率分析。

对需要分块的点云进行曲率分析。选择"开始"→"形状"→"QSR"，打开 QSR 模块。在"Segmentation by Clouds"工具栏中，单击"曲率划分"按钮，弹出对话框后单击选择当前点云数据，待点云数据变色后再次在点云数据上单击即可得到分块线框，如图 8-4 所示，可根据分块曲率大小，通过单击云数据不同位置来改变分块情况，最后单击"确定"按钮即可。

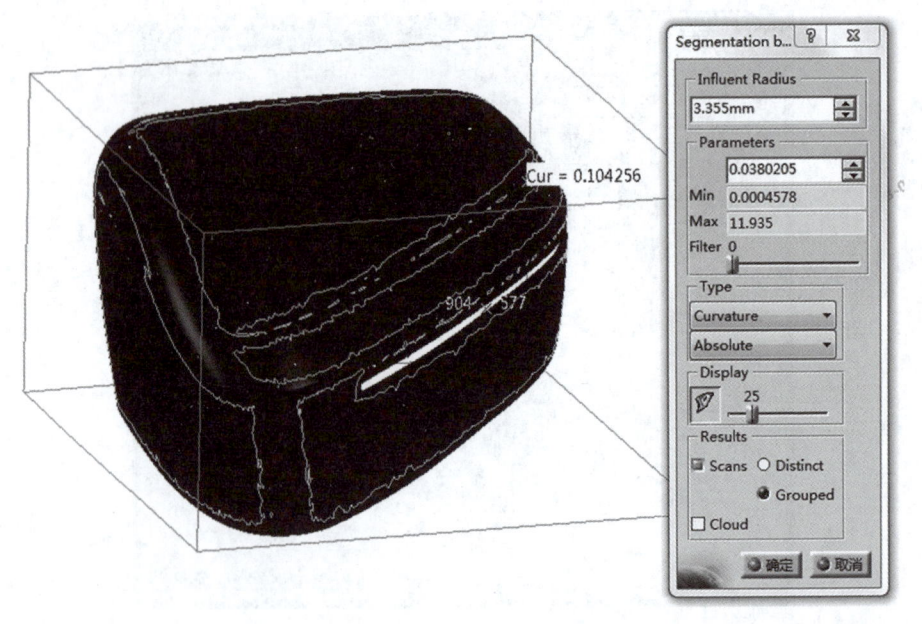

图 8-4 执行"曲率划分"命令时选取点云

130 ■ CATIA V5 逆向设计案例教程

步骤八：点云拆分。

选择"开始"→"形状"→DSE 命令，打开 DSE 模块。在"Cloud Operation"工具栏中选择 Split 命令，系统弹出"Split"对话框，如图 8-5 所示。

图 8-5 "Split"对话框

通常用 Brush 命令对需要选取的点云进行刷选，单击进行选取，当需要对细节进行精准选取时，可右击，在弹出的快捷菜单中选择 Edit Radios 命令来改变选取圆圈大小；也可以通过对需要精细处理的点云进行视图放大，放大后再仔细选取需要的点云。

步骤九：选择点云。比照前面点云数据上生成的曲率分块线框进行点云选取，如图 8-6 所示，选取完成后，目录树上可以看到新生成的两个点云 SplitMesh.1 和 SplitMesh.2，隐藏 SplitMesh.1 后，得到我们需要进行逆向设计的点云。

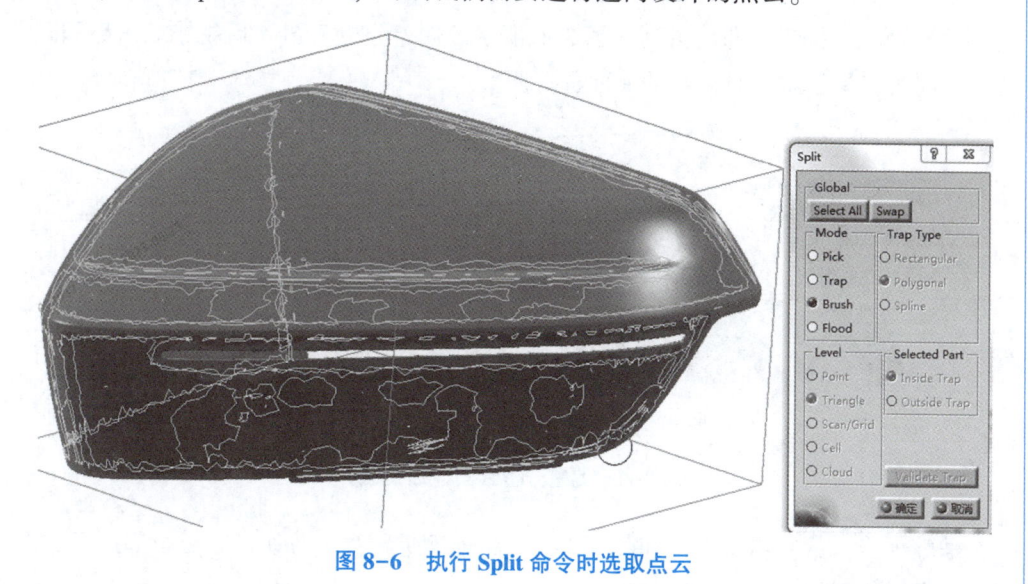

图 8-6 执行 Split 命令时选取点云

项目八 逆向设计实例 131

步骤十：重复步骤八和步骤九，直到将点云拆分成独立的曲面，如图8-7所示。

图 8-7 执行 Split 命令后得到点云

任务三：独立曲面逆向

步骤十一：先任意选择一块独立点云数据进行曲面逆向，选择"开始"→"形状"→QSR ![] 命令，打开 QSR 模块，在 Surface creation 工具栏中选择 Power Fit ![] 命令，选择显示界面中的点云数据，单击"确定"按钮即得到拟合的曲面，如图8-8所示。

图 8-8 拟合的曲面

步骤十二：对刚拟合的曲面与点云数据进行贴合性分析，在 QSR 模块 ![] 中单击"偏差分析" ![] 按钮，即可得到如图8-9所示的偏差分析云图（后视镜），然后根据实际情况决定是否需要对拟合的曲面进行调整。

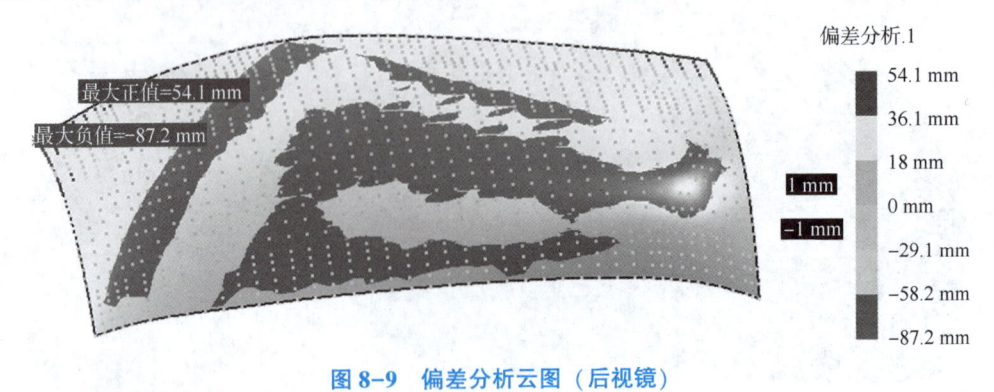

图 8-9 偏差分析云图（后视镜）

步骤十三：重复步骤十一和步骤十二，将前面进行独立分块的点云全部进行曲面拟合，最终得到如图8-10所示结果。

132 ■ CATIA V5 逆向设计案例教程

图 8-10 点云全部曲面拟合的效果

任务四：不同曲面拼接

步骤十四：对目录树上的其他曲面进行隐藏，只留下如图 8-11 所示两个曲面。

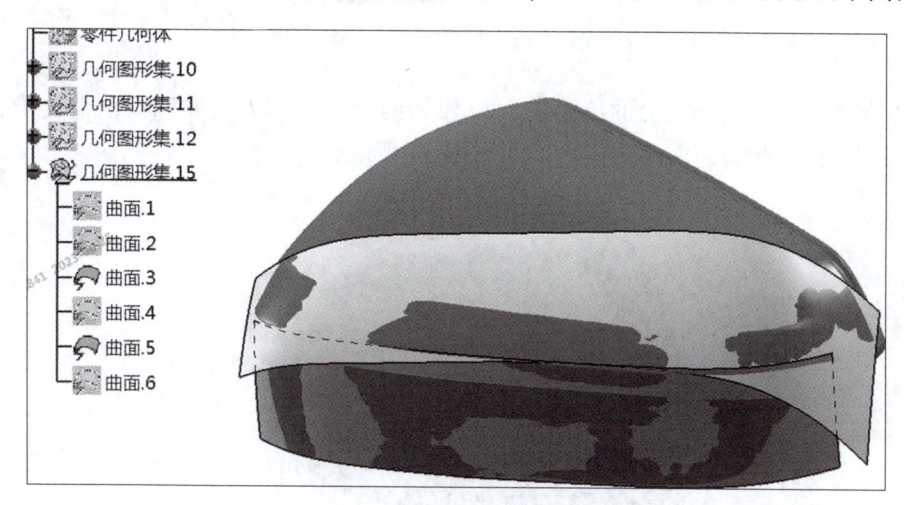

图 8-11 保留两个曲面的效果

步骤十五：可以看出，两个曲面有些部分未相交，此时需要对两个曲面的边界进行延伸处理，"开始"→"形状"→GSD 命令进入 GSD 模块，单击"操作"工具栏中的"外插延伸"按钮对拟合的曲面进行边界拉伸，在"外插延伸"操作时记得在对话框的"连续"下拉列表中选择"曲率"命令，单击"确定"按钮，完成延伸操作，如图 8-12 所示。

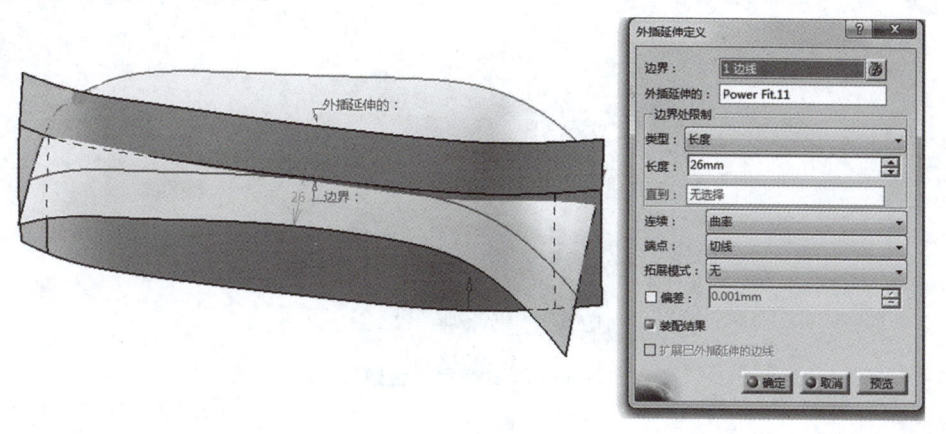

图 8-12 "外插延伸"操作

项目八 逆向设计实例 133

步骤十六：在完成"外插延伸"操作后对两个曲面交线以外部分进行切割处理，在 GSD 模块中单击 按钮，弹出"分割定义"对话框。分别选择两个曲面，单击"预览"按钮，图中曲面变透明部分即为要切除的部分，若透明部分不是自己想要切除的部分，可单击"另一侧"按钮变换需要切除的部分，单击"确定"按钮，即可完成多余部分切除操作，最终得到两个切割完成的曲面，如图 8-13 所示。

图 8-13 切割完成的曲面

步骤十七：将前面拟合的所有曲面以相邻两个为组作为选取原则，重复步骤十六，最终得到后视镜逆向结果雏形，如图 8-14 所示。

图 8-14 后视镜逆向结果雏形

步骤十八：此时发现初步结果还有一些区域与点云数据贴合性较差，此时我们可以考虑在不贴合处重新选取点云单独分块出来，增加拟合的曲面，让最终的贴合性更佳。重复步骤九到步骤十七，在后视镜点云数据上选取激活点云数据，并将选取的两块点云拟合成新的曲面，如图 8-15 所示。

图 8-15 改善贴合性效果

步骤十九：将新拟合的两个曲面加入前面完成的后视镜逆向结果雏形中，继续利用拟合操作将它们拼接在一起，最终结果如图8-16所示。

图8-16　最终后视镜逆向结果

对于其他曲面裂缝或者边界修补等后期细节不再赘述，本次操作主要针对曲面大面及主要结构进行逆向分析。

实例二　翼子板逆向设计

一、任务分析

分析翼子板零件的点云，如图8-17所示，该零件为汽车前轮上方的外观覆盖件，其形状由多个曲面拼接而成，在逆向设计的过程中，可在对点云曲面曲率分布分析后，对点云进行分块处理，根据分块点云分别拟合独立的曲面，最后将各个独立曲面进行拼接修饰处理完成逆向工作。

图8-17　翼子板零件

二、主要知识点

本任务将学习"点云拆分"　工具、"强力拟合"　工具、"外插延伸"　工具、"分割"　工具的使用方法和一般操作步骤。

三、实施步骤

任务一：输入点云数据

步骤一：新建零件。新建一个名为 yi zi ban 的 part 文件。

步骤二：切换工作台。选择"开始"→"形状"→Digitized Shape Editor 命令，系统切换至"数字化外形编辑器"工作台。

步骤三：选择命令。选择"插入"→Import 命令，弹出 Import 对话框，如图 8-18 所示。

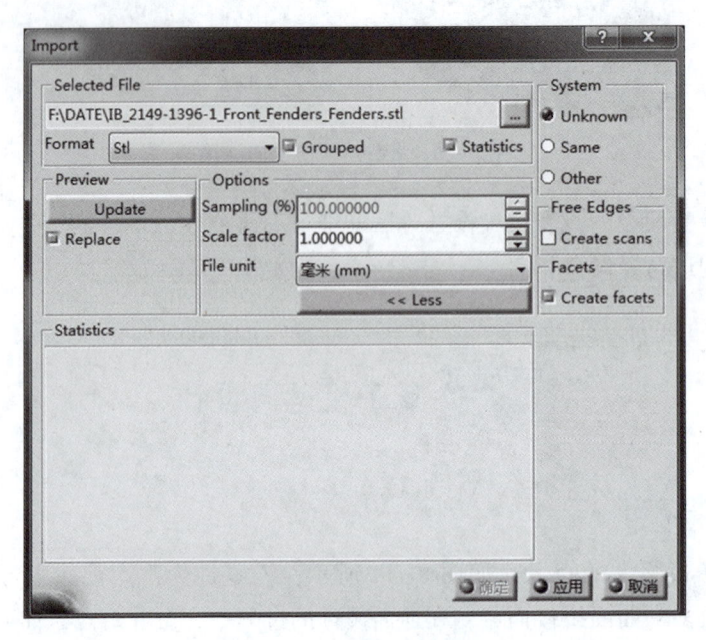

图 8-18 "Import"对话框

步骤四：选择打开文件格式。在 Import 对话框中的 Selected File 选项区域的 Format 下拉列表中选择 Stl 选项。

步骤五：选择打开文件。在对话框中单击 按钮，系统弹出"选择文件"对话框，在计算机的相应位置找到点云文件 IB_2149-1117-1_Outside_Rear_View_Mirror_Shell.stl，单击"打开"按钮。

步骤六：单击"Import"对话框中的"应用"按钮，然后单击"确定"按钮。完成点云数据加载，结果如图 8-19 所示。

图 8-19 点云数据加载结果

任务二：编辑点云

步骤七：点云曲率分析。

对需要分块的点云进行曲率分析。选择"开始"→"形状"→QSR 命令，打开 QSR 模块。在"Segmentation by clouds"工具栏中单击"曲率划分"按钮，弹出对话框后单击选择当前点云数据，待点云数据变色后再次单击点云数据上即可得到分块线框，可根据分块曲率大小，通过单击点云数据不同位置来改变分块情况，最后单击"确定"按钮即可，如图 8-20 所示。

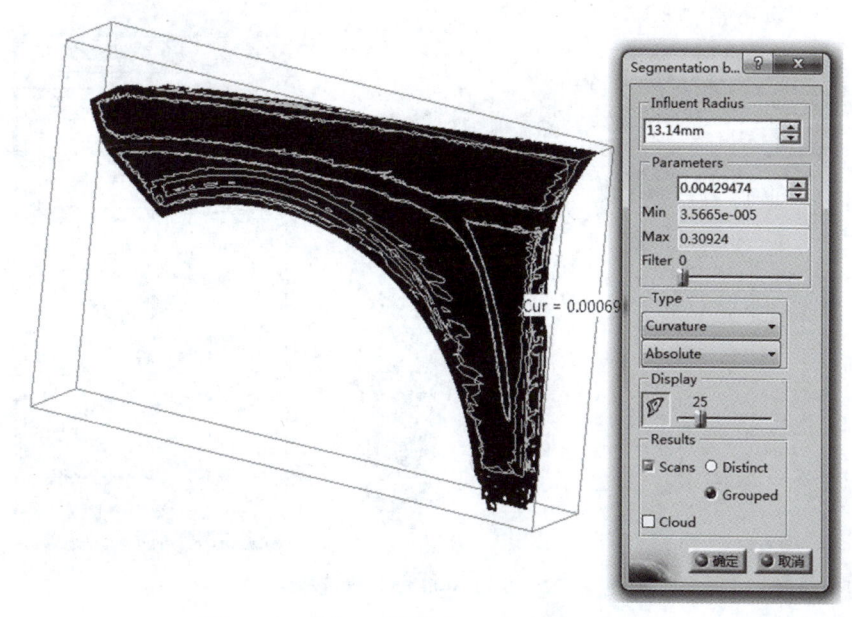

图 8-20　执行"曲率划分"命令时选取点云

步骤八：点云拆分。

选择"开始"→"形状"→DSE 命令，打开 DSE 模块。在 Cloud Operation 工具栏中选择 Split 命令，系统弹出"Split"对话框，如图 8-21 所示。

图 8-21　"Split"对话框

项目八　逆向设计实例　137

通常用 Brush 命令对需要选取的点云进行刷选，单击进行选取，当需要对细节进行精准选取时，可右击，在弹出的对话框中选择 Edit Radios 命令来改变选取圆圈大小；也可以通过对需要精细处理的点云进行视图放大，放大后再仔细选取需要的点云。

步骤九：选取点云。比照前面点云数据上生成的曲率分块线框进行点云选取，如图 8-22 所示，选取完成后，目录树上可以看到新生成的两个点云 SplitMesh.1 和 SplitMesh.2，隐藏 SplitMesh.1 后，得到我们需要进行逆向的点云。

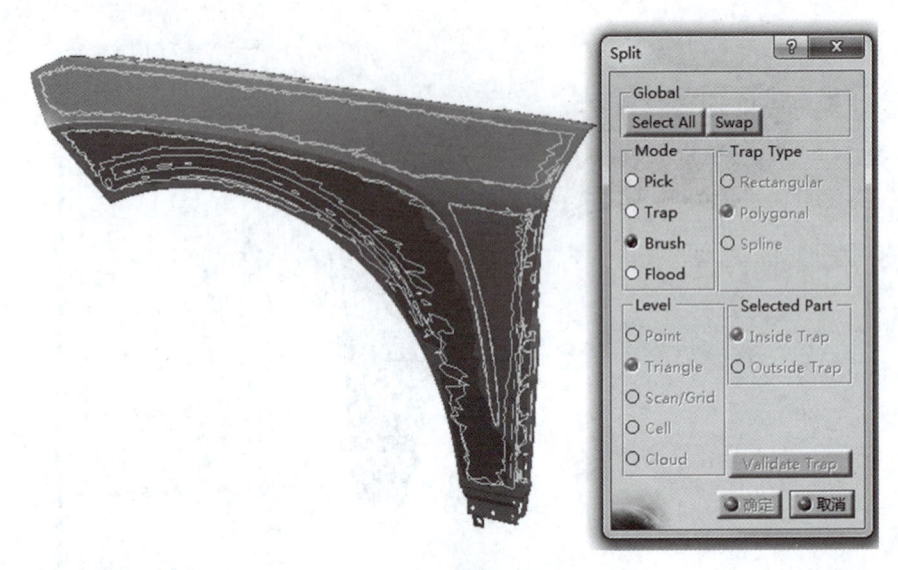

图 8-22　执行 Split 命令时选取点云

步骤十：重复步骤八和步骤九，直到将点云拆分成独立的曲面，如图 8-23 所示。

图 8-23　点云拆分结果

任务三：独立曲面逆向

步骤十一：先任意选择一块独立点云数据进行曲面逆向，选择"开始"→"形状"→QSR 命令，打开 QSR 模块。在"Surface Creation"工具栏中选择 Power Fit 命令，选择显示界面中的点云数据，单击"确定"按钮即得到拟合的曲面，如图 8-24 所示。

图 8-24　拟合的曲面

步骤十二：对刚拟合的曲面与点云数据进行贴合性分析，在 QSR 模块 中单击"偏差分析" 按钮，即可得到如图 8-25 所示的偏差分布云图，然后根据实际情况决定是否需要对拟合的曲面进行调整。

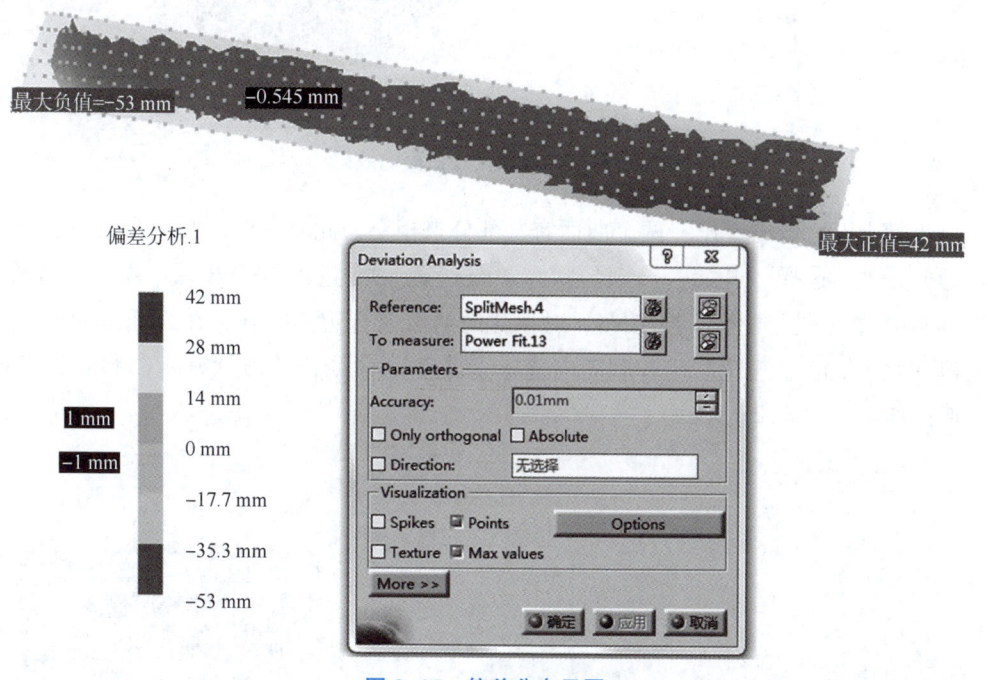

图 8-25　偏差分布云图

步骤十三：重复步骤十一和步骤十二，将前面进行独立分块的点云全部进行曲面拟合，最终得到的结果如图 8-26 所示。

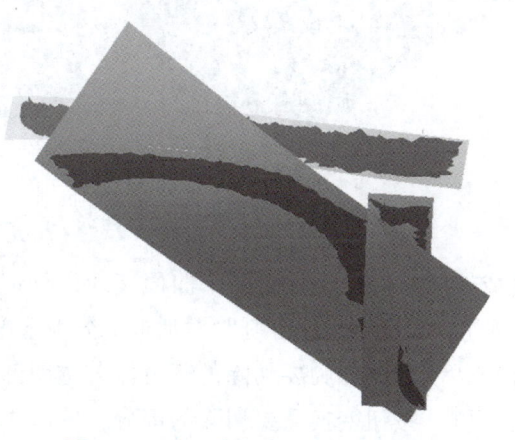

图 8-26　点云全部曲面拟合的效果

项目八　逆向设计实例　139

任务四：不同曲面拼接

步骤十四：对目录树上其他曲面进行隐藏，只留下如图8-27所示两个曲面。

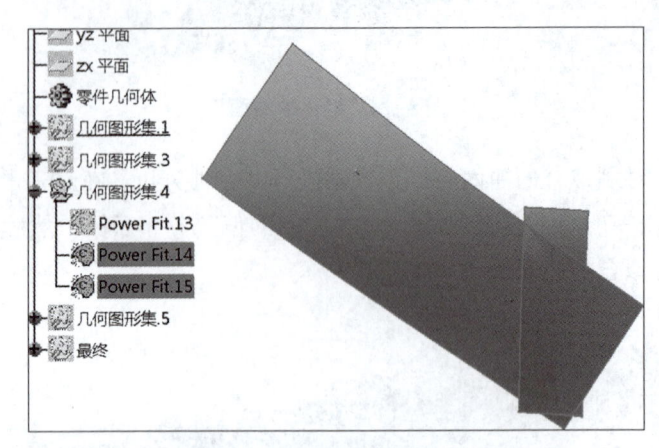

图8-27 保留两个曲面的效果

步骤十五：可以看出，两个曲面有些部分未相交，此时需要对两个曲面的边界进行延伸处理，选择"开始"→"形状"→GSD 命令进入GSD模块，单击"操作"工具栏中的"外插延伸" 按钮，对拟合的曲面进行边界拉伸，在外插延伸操作时记得在对话框的"连续"下拉列表中选择"曲率"命令，单击"确定"按钮，完成延伸操作，如图8-28所示。

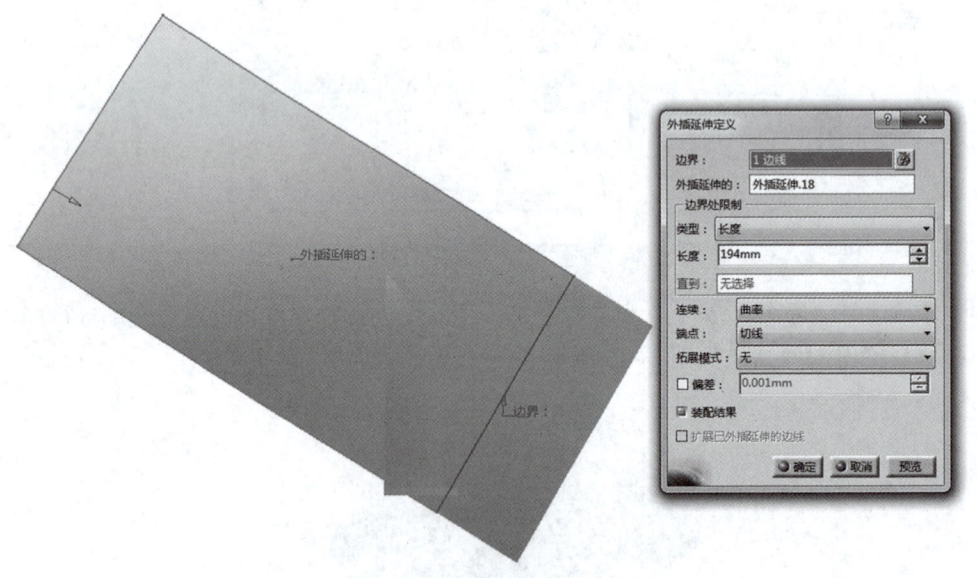

图8-28 "外插延伸"操作

步骤十六：在完成外插延伸操作后对两个曲面交线以外部分进行切割处理，在GSD模块中单击 按钮，弹出"定义分割"对话框。分别选择两个曲面，单击"预览"按钮，图中曲面变透明部分即为要切除的部分，若透明部分不是自己想要切除的部分，可单击"另一侧"按钮变换需要切除的部分，单击"确定"按钮即可完成多余部分切除操作，最终得到两个切割完成的曲面，如图8-29所示。

图 8-29 切割完成的曲面

步骤十七：此时再调出前面拟合的第三个曲面，发现第三个曲面与现有的一个曲面无相交。选择"开始"→"形状"→QSR 命令，打开 QSR 模块，在"Surface Creation"工具栏中选择单击 Power Fit 命令，将两曲面的边界选中，单击曲面即可生成一个过渡曲面将二者连接起来，如图 8-30 所示。

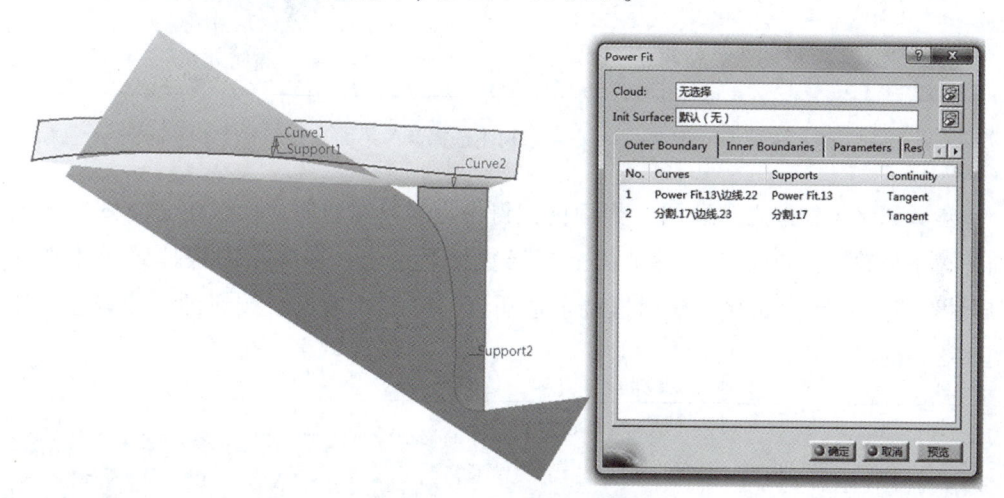

图 8-30 无相交曲面的连接

步骤十八：将前面拟合的所有曲面以相邻两个为一组作为选取原则，重复步骤十六和步骤十七，针对曲面与曲面之间的空洞可继续使用 Power Fit 命令进行修补，初步得到翼子板逆向雏形，如图 8-31 所示。

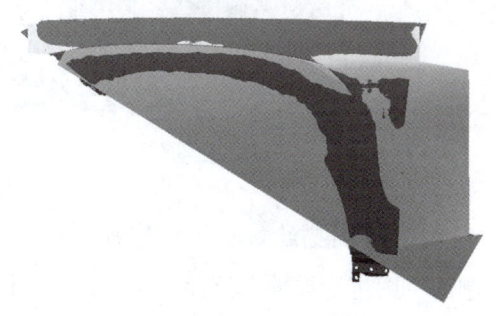

图 8-31 翼子板逆向雏形

项目八 逆向设计实例 141

步骤十九：此时需要对拟合得到的翼子板进行边界裁剪，选择"开始"→"形状"→GSD 命令进入 GSD 模块，单击"草图" 按钮后选择目录树上的"ZX 平面"命令，如图 8-32 所示。

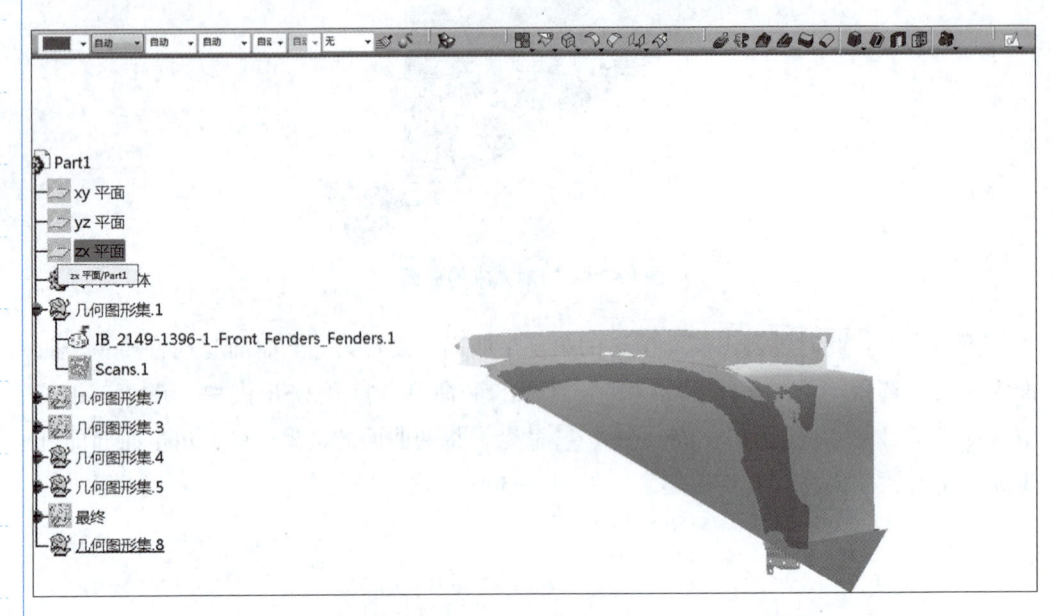

图 8-32　在目录树中选择参考平面

步骤二十：在进入"草图"界面前记得将点云数据透明化，以便"草图"界面描述翼子板轮廓，单击选择目录树上点云数据后右击，在弹出的快捷菜单中选择"属性"命令，在"属性"对话框调节透明度，单击"确定"按钮即完成设置，如图 8-33 所示。

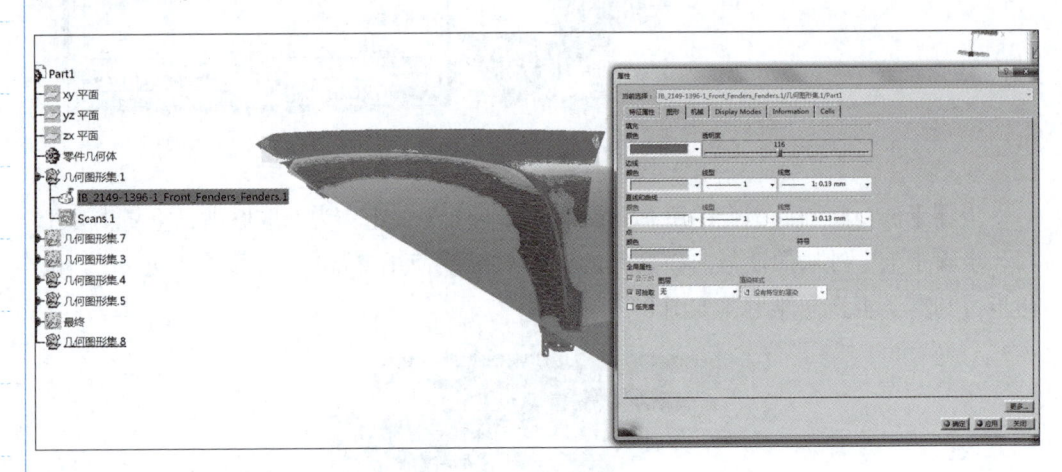

图 8-33　点云数据透明化操作

步骤二十一：在"草图"界面描绘好翼子板轮廓后退出"草图"界面，单击"拉伸" 按钮，将绘制的草图进行拉伸，拉伸的尺寸以穿过图 8-31 所示的翼子板雏形为准，如图 8-34 所示。

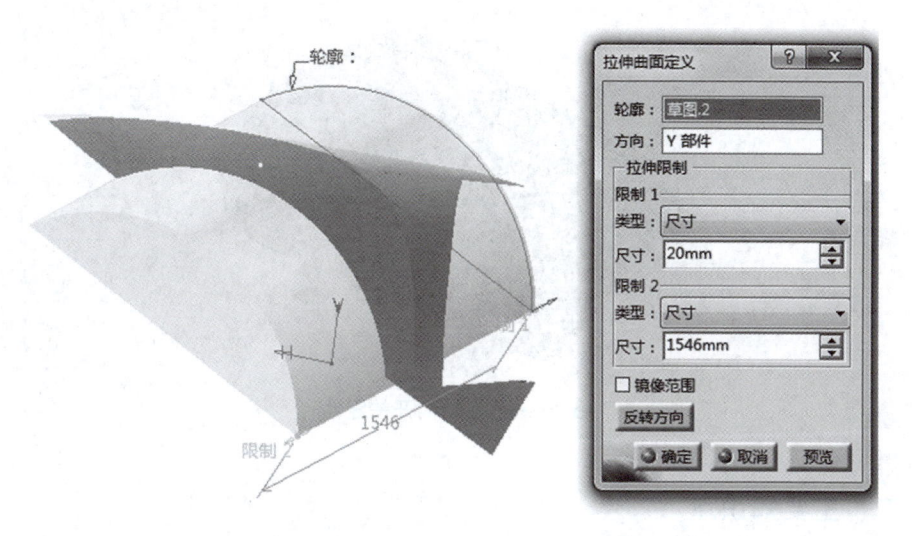

图 8-34　比照翼子板雏形尺寸拉伸曲面

步骤二十二：此时可对接合面进行裁剪处理，单击"切割" 按钮，利用刚拉伸的曲面对拟合曲面进行边界切割，重复以上操作即可得到最终拟合的翼子板曲面，如图 8-35 所示。

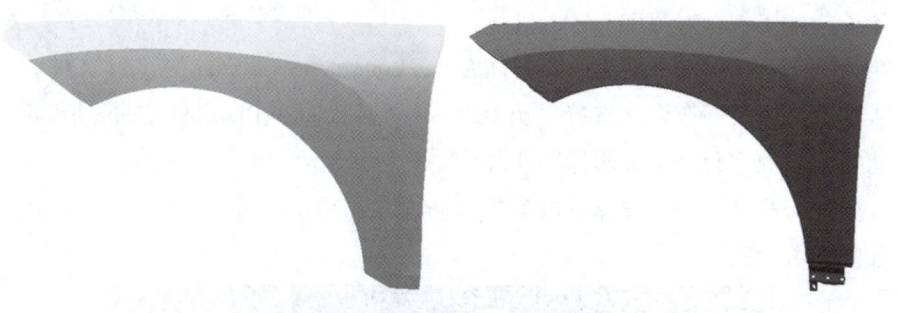

图 8-35　最终拟合的翼子板曲面

对于其他曲面裂缝或者边界修补等后期细节不再赘述，本次操作主要针对曲面大面及主要结构进行逆向分析。

实例三　多功能开关逆向设计

一、任务分析

分析多功能开关零件的点云，如图 8-36 所示，该零件安装于车内副仪表台上，主要作为开关来对中控屏进行操作，其形状为立方体，叠加多个小部件，在逆向设计的过程中，可以先完成立方体基础平台的设计工作，然后通过在立方体平台上叠加圆柱体、开斜槽等来完成设计。

项目八　逆向设计实例 143

图 8-36 多功能开关零件

二、主要知识点

本任务学习"点云输入" 工具、"点云输出" 工具、"点云拆分" 工具、"控制点" 工具的使用方法和一般操作步骤。

三、实施步骤

任务一：导入点云数据

步骤一：新建零件。新建一个名称为 duo gong neng kai guan 的 part 文件。

步骤二：切换工作台。选择"开始"→"形状"→Digitized Shape Editor 命令，系统切换至"数字化外形编辑器"工作台。

步骤三：选择命令。选择下拉菜单"插入"→Import 命令，弹出"Import"对话框，如图 8-37 所示。

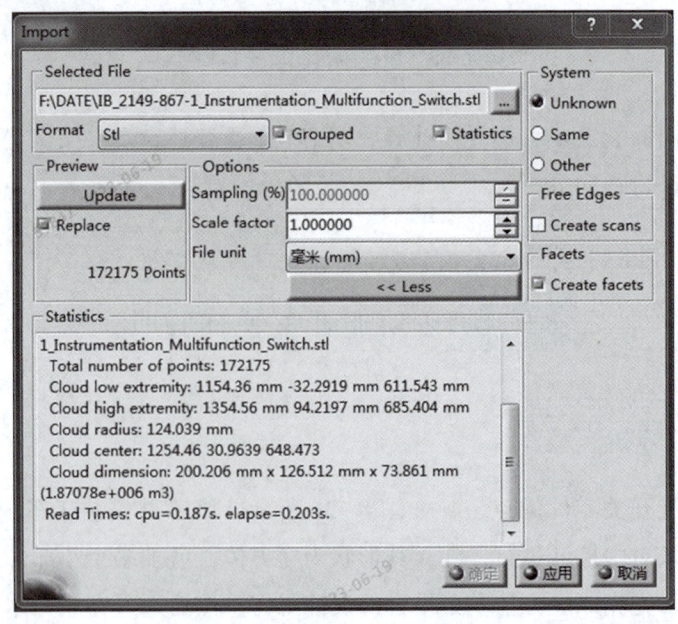

图 8-37 "Import"对话框

144 ■ CATIA V5 逆向设计案例教程

步骤四：选择打开文件格式。在"Import"对话框中的 Selected File 选项区域的 Format 下拉列表中选择 ASCII free 命令。

步骤五：选择打开文件。在对话框中单击 按钮，系统弹出"选择文件"对话框，在计算机的相应位置找到点云文件 IB_2149-867-1_Instrumentation_Multifunction_Switch.stl，单击"打开"按钮。

步骤六：单击"Import"对话框中的"应用"按钮，然后单击"确定"按钮。完成点云数据加载，结果如图 8-38 所示。

图 8-38　点云数据加载结果

任务二：编辑点云

步骤七：提取点云。要将逆向的点云从输入的点云数据中单独分块提取出来，以便后续处理过程中不受其他不相关点云的影响。

步骤八：点云拆分。在 DSE 模式下选择 Split 命令，弹出"Split"对话框，如图8-39所示。

图 8-39　"Split"对话框

项目八　逆向设计实例　145

通常用 Brush 命令对需要选取的点云进行刷选，单击进行选取，当需要对细节进行精准选取时，可右击，通过在弹出的对话框中选择 Edit Radios 命令来改变选取圆圈大小；也可以通过对需要精细处理的点云进行视图放大，放大后再仔细选取需要的点云。

步骤九：选择点云。点云选取完后，目录树上可以看到新生成的两个点云 SplitMesh.1 和 SplitMesh.2，隐藏 SplitMesh.1 后，得到如图 8-40 所示的点云，即我们需要进行逆向的点云。

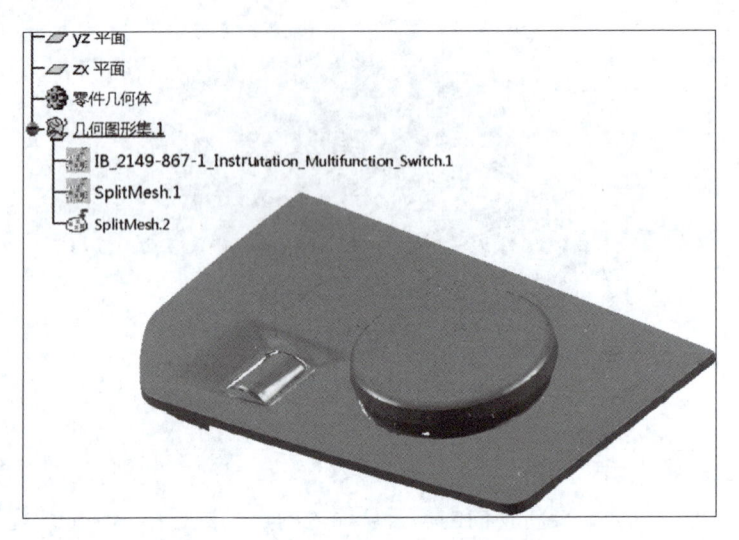

图 8-40　执行 Split 命令后得到点云

步骤十：持续拆分。重复步骤八和步骤九的做法，将点云 SplitMesh.2 继续拆分成如图 8-41 所示的三个部分。

图 8-41　执行 Split 命令后得到三部分点云

步骤十一：基础平台逆向，如图 8-42 所示。

图 8-42　基础平台逆向

步骤十二：Active 命令 选取基本面组成元素，如图 8-43 所示。

图 8-43　基本面组成元素

步骤十三：进入 QSR 工作台，选择 profit 命令，在"Power Fit"文本框里选择激活的基本面元素，然后单击"确认"按钮即可生成曲面，如图 8-44 所示。

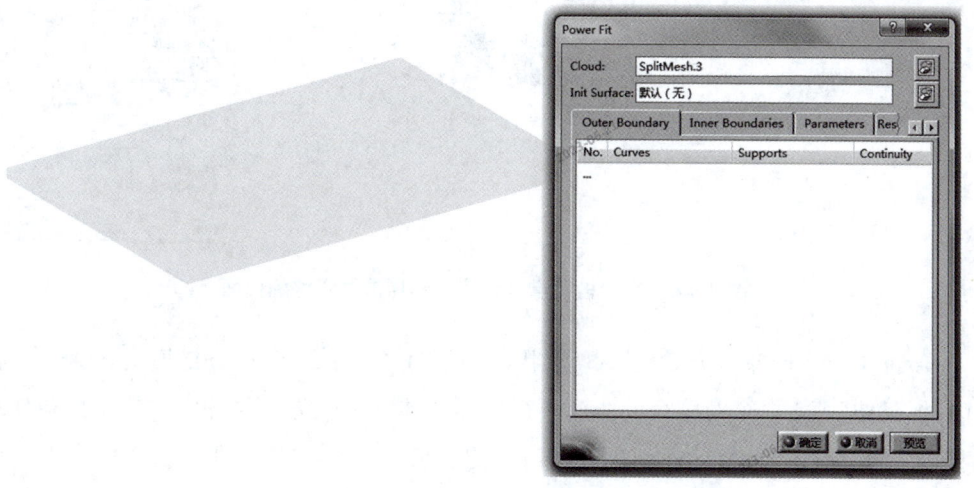

图 8-44　在 Power Fit 命令下选择基本面元素

步骤十四：激活整个点云数据，并单击"偏差分析" 按钮，在弹出对话框的 Reference 选项里选择要拟合的点云，在 To measure 选项里选择拟合好的曲面，单击"应用"按钮可以看到偏差分布云图，如图 8-45 所示。

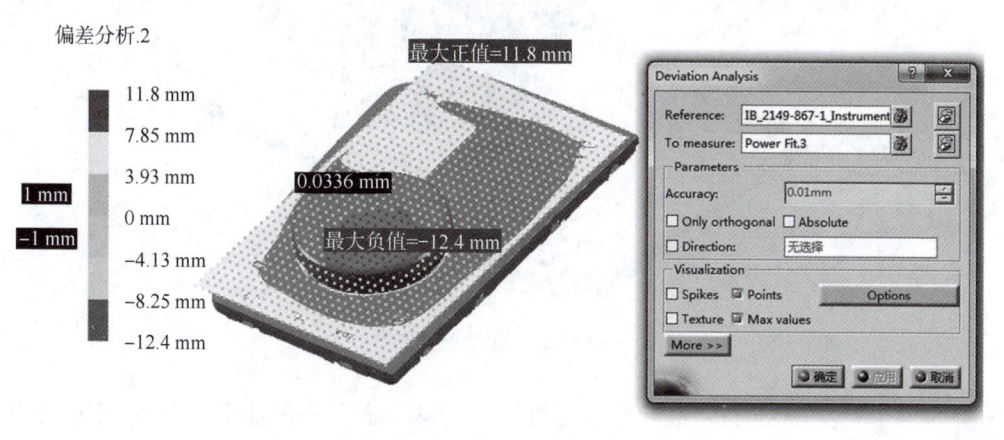

图 8-45　偏差分布云图

项目八　逆向设计实例　147

步骤十五：根据曲面与点云数据符合性情况，我们可以通过选择"开始"→"形状"→"自由样式"命令，进入"自由曲面设计"模块，单击"控制点"按钮，选择需要调整的曲面，在曲面上将生成带节点的网格面，通过鼠标调整网格节点的空间位置从而调整曲面至合适位置，如图 8-46 所示。

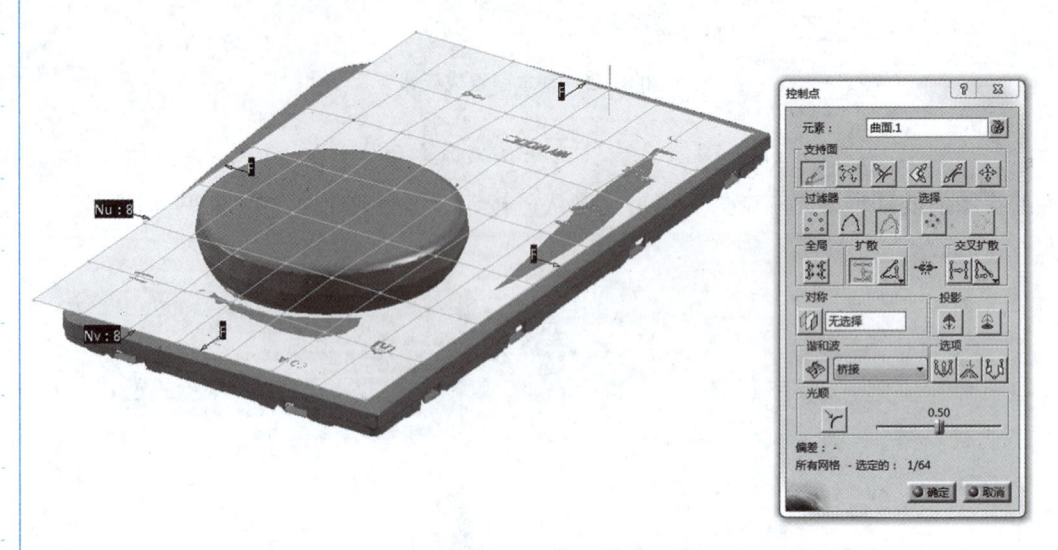

图 8-46　在"控制点"命令下选择需要调整的曲面

步骤十六：选择"开始"→"形状"→GSD 命令进入 GSD 模块，通过"样式外插延伸"命令对拟合的曲面进行边界拉伸，一个方向拉伸完成后，记得使用"接合"命令对生成的曲面进行接合，使之成为一个完整的曲面，再次单击"厚曲面"按钮，对最终得到的曲面进行法向拉伸，生成一个实体厚曲面，如图 8-47 所示。

注意：厚曲面的厚度请根据点云实际厚度在对话框中填写，本次为 6 mm。

图 8-47　实体厚曲面

步骤十七：需要对得到的厚曲面进行边界修剪，首先在厚曲面同一面上任意选取 3 个点新建一个平面，在此平面上绘制草图，绘制草图时记得将厚曲面进行透明化，右击选择左侧目录树上"加厚曲面"命令，选择"属性"命令，在"属性"对话框中更改透明度即可将加厚曲面透明化，此操作方便在"草图"界面中绘制点云数据的边界轮廓，如图8-48所示。

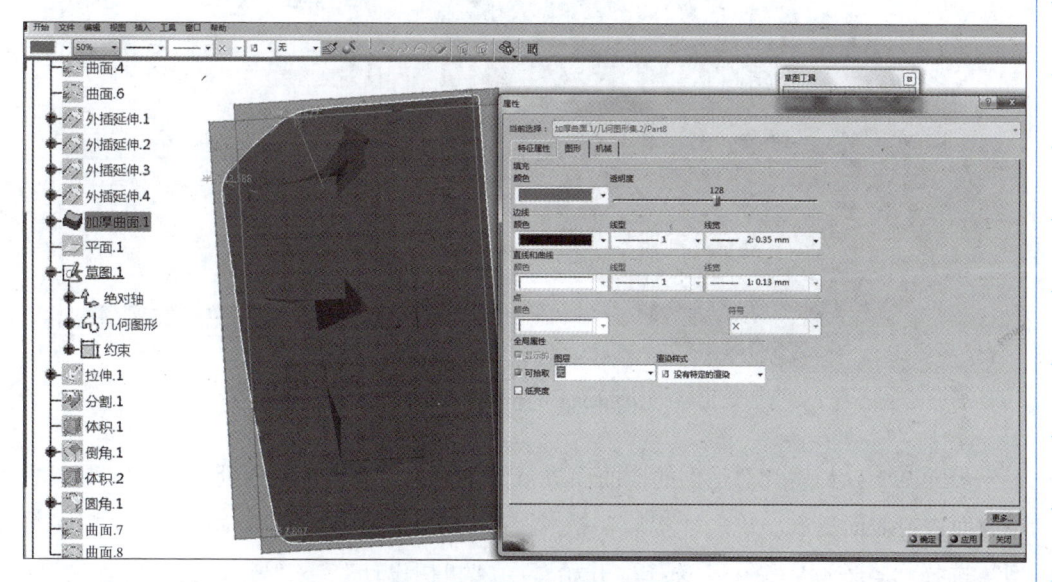

图 8-48　加厚曲面透明化操作

步骤十八：草图绘制完成后，单击 按钮对草图进行拉伸，得到如图8-49所示图形。

图 8-49　草图拉伸效果

步骤十九：利用拉伸曲面对前面得到的厚曲面进行修剪，单击"分割" 按钮，系统弹出"分割定义"对话框。"要切除的元素"选择前面生成的厚曲面，"切除素"则选择刚生成的拉伸曲面，单击"预览"按钮，图中厚曲面变透明部分即为要切除的部分，若透明部分不是要切除的部分，可单击"另一侧"按钮变换需要切除的部分，如图8-50所示。

项目八　逆向设计实例　149

图 8-50　切割厚曲面

步骤二十：最后针对得到的厚曲面进行倒角修边处理，为方便处理，可将得到的厚曲面进行表面提取，单击"提取" 按钮，弹出"提取定义"对话框。"拓展类型"选择"点连续"命令，选择"开始"→"机械设计"→"零件设计" 命令，进入"零件设计"界面，单击"封闭曲面" 按钮，选择提取的曲面，此时生成可进行编辑的实体，选择"圆角" 命令对实体的边进行圆角处理。最终完成基础平台的逆向，如图 8-51 所示。

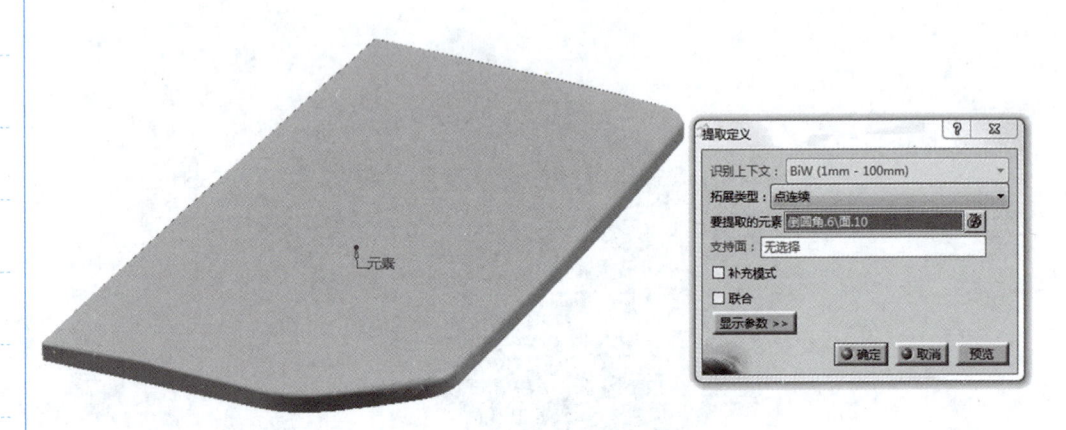

图 8-51　对厚曲面进行表面提取

任务三：旋钮逆向

步骤二十一：选择"开始"→"形状"→DSE 命令，打开 DSE 模块，单击"激活" 按钮，刷取旋钮上表面一小部分平整面，选择"开始"→"形状"→QSR 命令，打开 QSR 模块，单击"基本面识别" 按钮，选择刚激活的点云，选中"Plane"单选按钮，单击"应用""确定"按钮后即可得到用来绘制草图的基本平面。如图 8-52 所示。

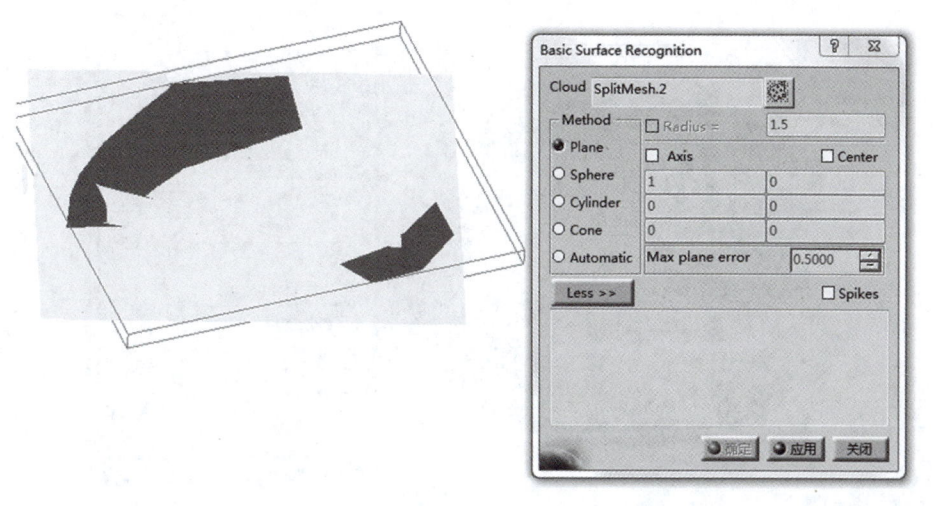

图 8-52 "基本面识别"命令下选择点云

步骤二十二：选择"开始"→"形状"→GSD 命令，打开 GSD 模块，单击"草图"按钮，选择刚逆向的基准面作为草图基础面，进入"草图"模块后通过"三点圆"的方式绘制与旋钮外轮廓一致的圆，如图 8-53 所示。

图 8-53 在"草图"模块绘制圆

步骤二十三：选择"开始"→"机械设计"→"零件设计" 命令，进入"零件设计"界面。单击"凸台" 按钮选取刚才绘制的草图，比对点云数据填写凸台长度数据，单击"确定"按钮后即可生成如图 8-54 所示的旋钮初步模型。

步骤二十四：对旋钮模型进行边界修剪。单击"点" 工具栏中"圆/球面/椭圆中心"按钮，选取旋钮模型上表面即可得到中心点，单击"直线" 按钮，利用刚得到的中心点可分别生成两条垂直的直线，然后利用这两条直线生成一个平面，选择"开始"→"形状"→QSR 命令，打开 QSR 模块，单击"截面" 按钮，在 Reference 选项中单击"平面"按钮，利用刚生成的平面来获取截面，如图 8-55 所示。

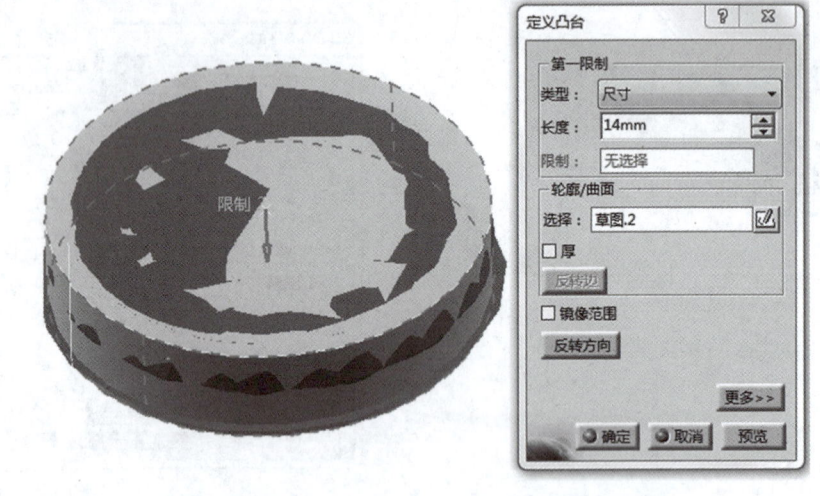

图 8-54 执行"定义凸台"命令建立旋钮初步模型

图 8-55 获取截面

步骤二十五：选择"开始"→"形状"→GSD 命令，打开 GSD 模块。选择前面生成的平面绘制草图，如图 8-56 所示。

图 8-56 旋钮草图

步骤二十六：选择"开始"→"机械设计"→"零件设计" 命令，进行"零件设计"界面，单击"旋转槽" 按钮，"轮廓/曲面"选择刚绘制的草图，"轴"选择旋钮模型即可自动识别旋转轴，如图 8-57 所示，单击"确定"按钮可得到最终旋钮模型，如图8-58所示。

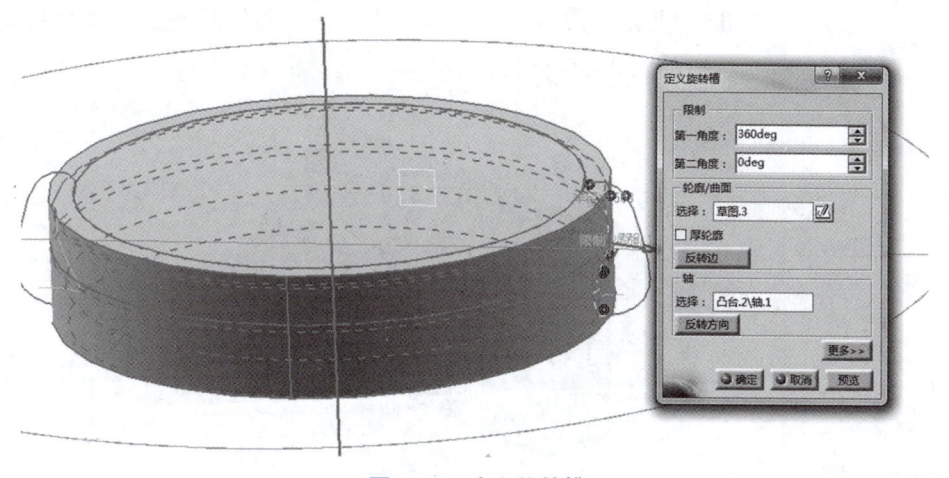

图 8-57　定义旋转槽

图 8-58　旋钮模型

任务四：基础平台凹槽逆向

步骤二十七：调出前面分块出来的凹槽点云数据，选择"开始"→"形状"→QSR 命令，进入 QSR 模块。单击"截面"按钮截取点云数据的特征截面，然后选择"开始"→"形状"→GSD 命令，进入 GSD 模块，在特征截面上选取三个点生成平面，单击"草图"按钮绘制如图 8-59 所示的凹槽草图。

图 8-59　凹槽草图

项目八　逆向设计实例　153

步骤二十八：选择"开始"→"机械设计"→"零件设计" 命令，进入"零件设计"工作台，单击"凹槽" 按钮，选取步骤二十六制作的草图，对基础平台进行开槽处理，得到结果如图 8-60 所示。

图 8-60 开槽处理后的基础平台凹槽

步骤二十九：在"零件设计"模块中对凹槽面进行拔模处理，单击"拔模"按钮即可进行拔模处理，如图 8-61 所示，处理完成后得到最终结果如图 8-62 所示。

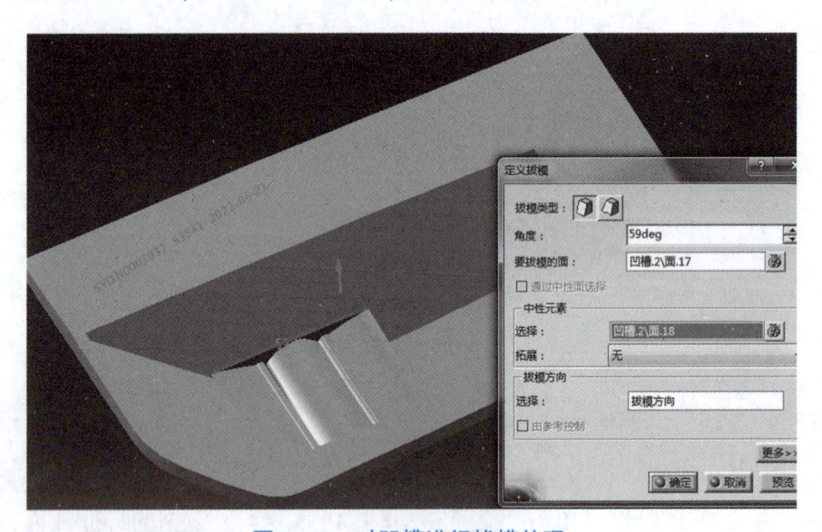

图 8-61 对凹槽进行拔模处理

图 8-62 拔模处理完成的凹槽模型

步骤三十：对处理完成的数据进行汇总。对左侧目录树进行处理，将过程数据全部隐藏，对最终结果进行命名，方便下次查看数据，如图 8-63 所示，最终完成逆向设计的多功能开关，如图 8-64 所示。

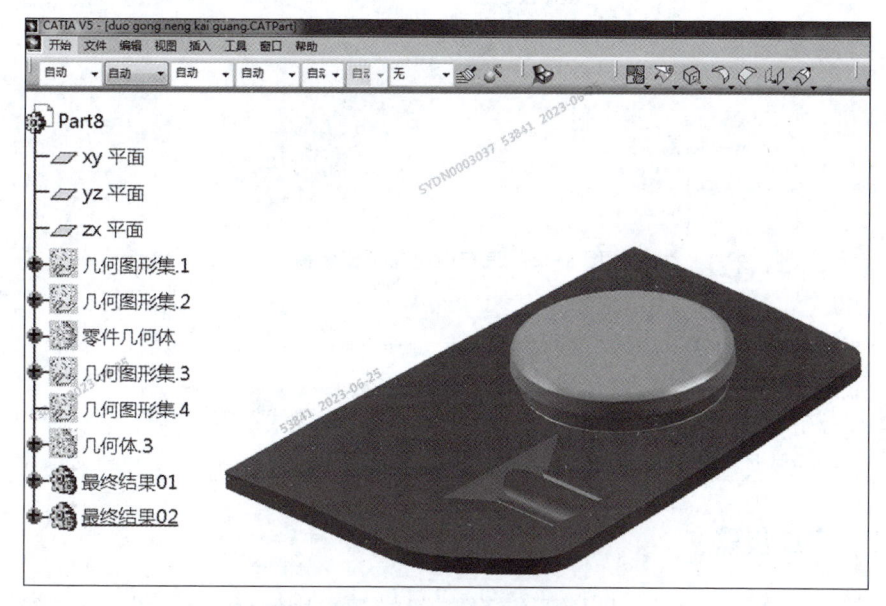

图 8-63　整理目录树

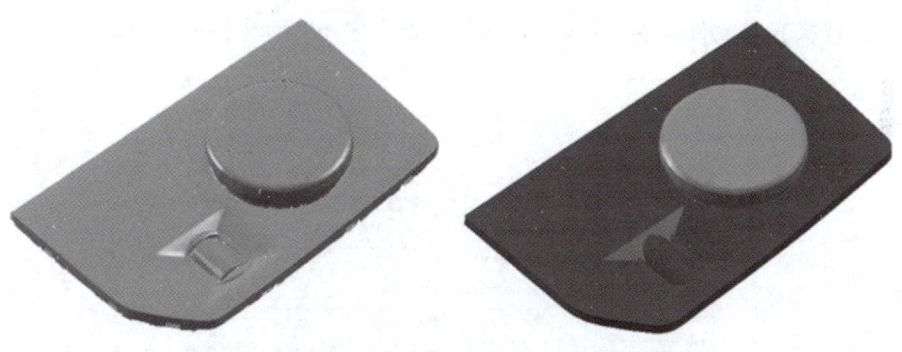

图 8-64　多功能开关逆向设计效果

其中相关细节可以继续进行边界修剪处理，此处不再赘述。

实例四　汽车散热器下安装板逆向设计

一、任务分析

分析汽车散热器下安装板，如图 8-65 所示，该零件较多平直部分，可通过草图轮廓拉伸得到，此外，其左右对称，因此在逆向过程中可先完成一半的零件设计，然后通过"对称"工具完成汽车散热器下安装板的逆向设计。

图 8-65 汽车散热器下安装板

二、主要知识点

本任务中，将学习"点云输入" 🛢 工具、"平面交线" 🖱 工具、"拉伸" 🖋 工具、"相交" 🖉 工具、"分割" 🗡 工具、"对称" 🗇 工具的使用方法和一般操作步骤。

三、实施步骤

步骤一：导入点云，打开 CATIA 软件，在菜单栏中选择"开始"→"形状"→ DSE 命令，进入 DSE 模块。在工具栏中单击"导入点云" 🛢 按钮，出现"Import"对话框，选择光盘文件中的 sanreqi.stl 文件，如图 8-66 和图 8-67 所示。

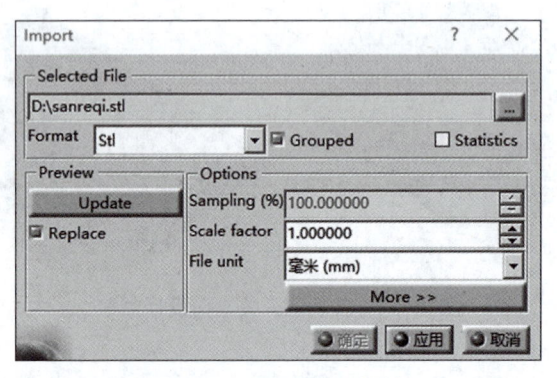

图 8-66 "Import"对话框

图 8-67 散热器点云

156 ■ CATIA V5 逆向设计案例教程

步骤二：剖切点云。在 DSE 模块单击"平面交线" 按钮，出现"Planar Sections"对话框，选择点云，剖切面选择 XZ 平面，如图 8-68 和图 8-69 所示。

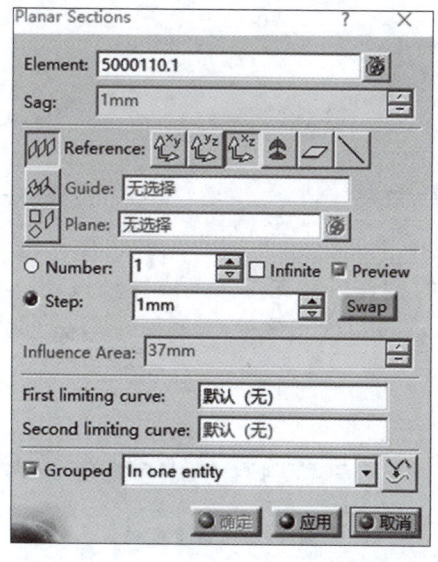

图 8-68　"Planar Sections"对话框设置

图 8-69　剖切点云

步骤三：侧面的创建。进入 GSD 模块，单击"草绘" 按钮，选择 ZX 平面，绘制如图 8-70 所示的直线，退出"草图"工作台，选择"拉伸" 命令，拉伸如图 8-71 所示平面。用同样的方法创建另一个侧面，如图 8-72 所示。

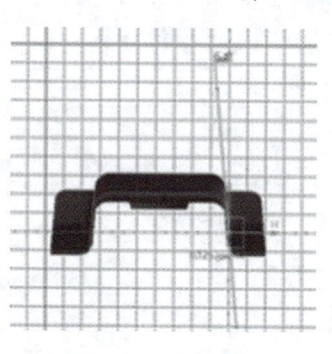

图 8-70　草绘直线

项目八　逆向设计实例　157

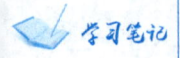

图 8-71　拉伸平面效果　　　　　　　图 8-72　另一个侧面创建效果

步骤四：上下平面的创建。单击"草绘"按钮，选择 YZ 平面，绘制如图 8-73 所示的直线，退出"草图"工作台，选择"拉伸"命令，拉伸如图 8-74 所示平面。

图 8-73　草绘直线

图 8-74　拉伸平面效果

步骤五：偏移平面。单击"偏移"按钮，出现"偏移曲面定义"对话框，如图 8-75 所示，选择如图 8-74 所示的拉伸平面，在"偏移"文本框中分别输入 9.5 mm、14 mm、16 mm、42.5 mm，偏移相平行的 4 个平面，偏移平面效果如图 8-76 所示。

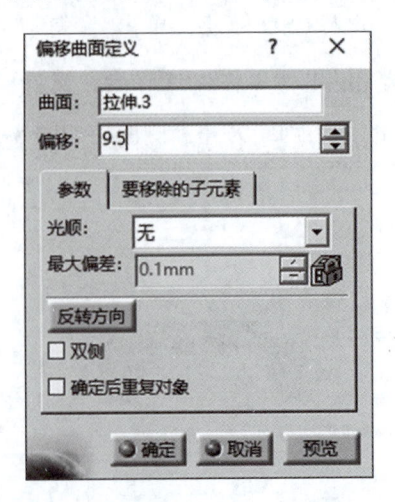

图 8-75　"偏移曲面定义"对话框设置

158　■ CATIA V5 逆向设计案例教程

图 8-76　偏移平面效果

步骤六：剖切点云。在 DSE 模块中单击"平面交线"按钮，出现"Planar Sections"对话框，如图 8-77 所示，选择点云，剖切面选择 YZ 平面，剖切点云效果如图 8-78 所示。

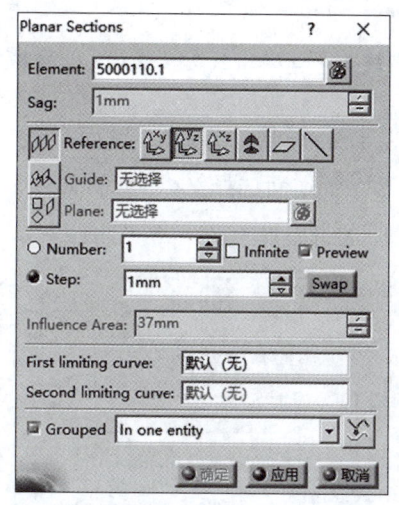

图 8-77　"Planar Sections"对话框设置

图 8-78　剖切点云效果

步骤七：斜面 1 创建。进入 GSD 模块，单击"草绘"按钮，选择 YZ 平面，绘制如图 8-79 所示斜线，退出"草图"工作台，选择"拉伸"命令，拉伸如图 8-80 所示斜面。

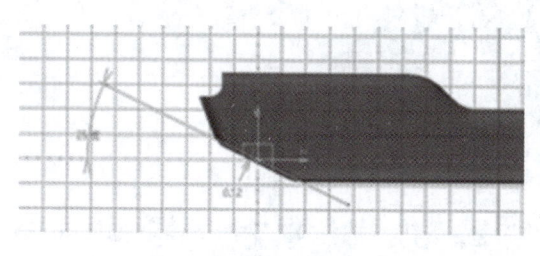

图 8-79　草绘斜线 1　　　　　　　　图 8-80　拉伸斜面 1

项目八　逆向设计实例　159

步骤八：斜面2创建。单击"草绘"按钮，选择YZ平面，绘制如图8-81所示斜线，退出"草图"工作台，选择"拉伸"命令，拉伸如图8-82所示斜面。

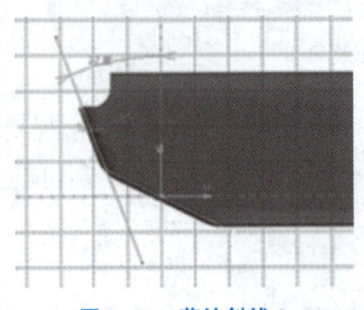

图8-81　草绘斜线2

图8-82　拉伸斜面2

步骤九：剖切点云。在DSE模块中单击"平面交线"命令，出现"Planar Sections"对话框，选择点云，剖切面选择YZ平面，如图8-83和图8-84所示。

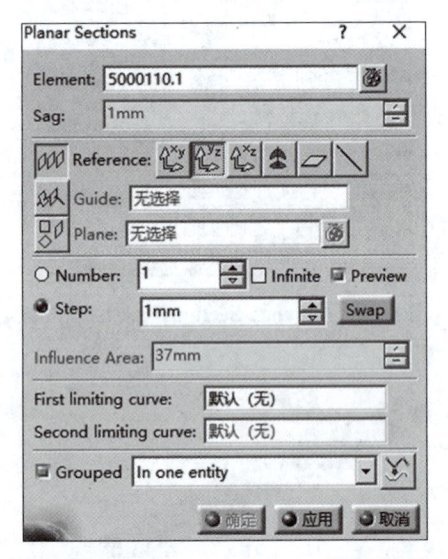

图8-83　"Planar Sections"对话框设置

图8-84　剖切点云

步骤十：进入GSD模块，单击"草绘"按钮，选择YZ平面，绘制如图8-85所示斜线，退出"草图"工作台，选择"拉伸"命令，拉伸如图8-86所示斜面，用同样的方法创建另一个拉伸斜面，如图8-87所示。

图8-85　草绘斜线

图8-86　拉伸斜面

图8-87　创建另一个拉伸斜面

步骤十一：单击"草绘" 按钮，选择XY平面，绘制如图8-88所示直线，退出"草图"工作台，选择"拉伸" 命令，拉伸如图8-89所示平面。同样方法，绘制如图8-90所示直线和如图8-91所示平面。

图8-88　草绘直线

图8-89　拉伸平面

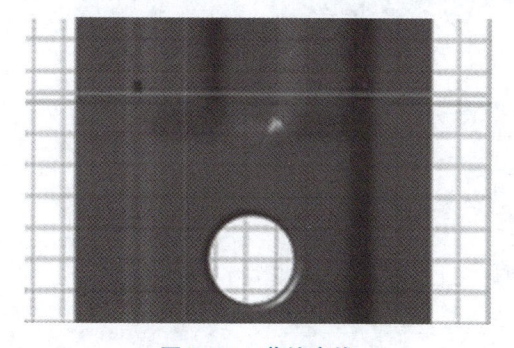

图8-90　草绘直线

图8-91　拉伸平面

项目八　逆向设计实例　161

步骤十二：创建相交线。单击"相交" 按钮，出现如图 8-92 所示的"相交定义"对话框，第一元素选择"偏移.4"平面，第二元素选择如图 8-89 所示平面，相交结果为一条直线，如图 8-93 所示。同样的方法创建如图 8-91 所示的平面与"偏移.1"平面的相交线，相交结果如图 8-94 所示。

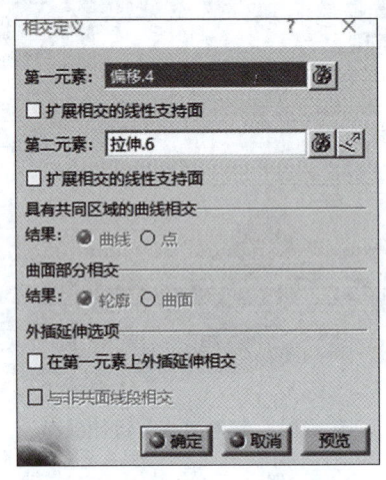

图 8-92 "相交定义"对话框设置

图 8-93 相交 1 结果　　　　　图 8-94 相交 2 结果

步骤十三：单击"分割" 按钮，出现"分割定义"对话框，"要切除的元素"选择"偏移.4"，"切除元素"选择"相交.1"，如图 8-95 所示，分割"偏移.4"平面，结果如图 8-96 所示。同样的方法分割"偏移.1"平面，结果如图 8-97 所示。

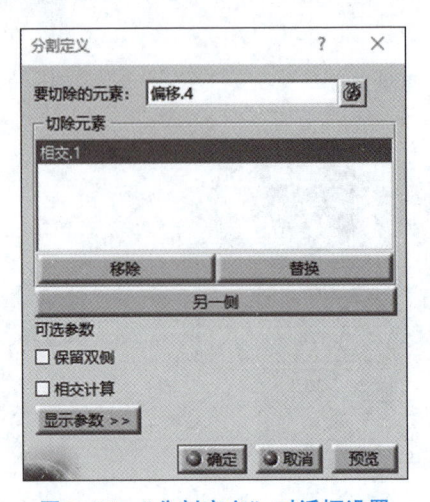

图 8-95 "分割定义"对话框设置

162　■　CATIA V5 逆向设计案例教程

图 8-96 "偏移.4" 平面分割　　　　图 8-97 "偏移.1" 平面分割

步骤十四：剖切点云，在 DSE 模块中，单击 "Planar Sections" 按钮，出现 "Planar Sections" 对话框，选择点云，剖切面选择 YZ 平面，如图 8-98 和图 8-99 所示。

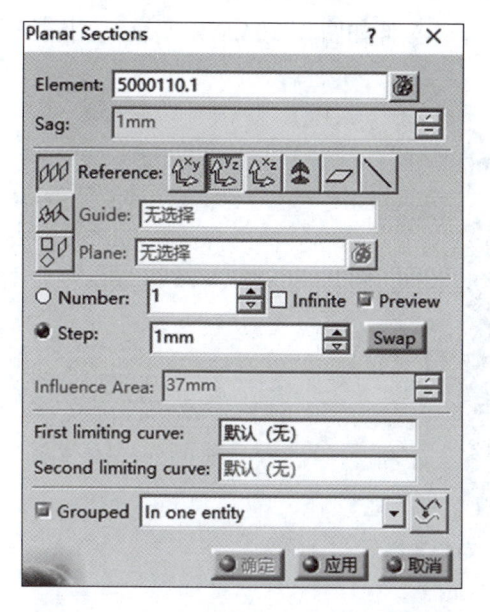

图 8-98 "Planar Sections" 对话框设置　　　　图 8-99 剖切点云

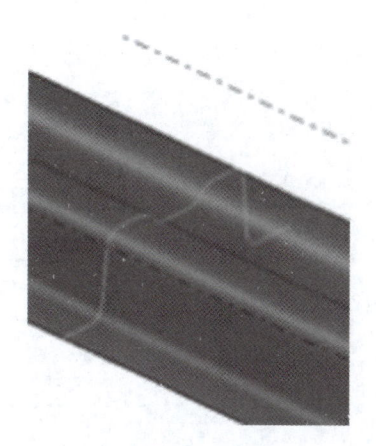

步骤十五：进入 GSD 模块，单击 "草绘" 按钮，选择 XZ 平面，绘制如图 8-100 所示斜线，退出 "草图" 工作台，选择 "拉伸" 命令，拉伸如图 8-101 所示斜面。用同样方法，拉伸另一斜面，如图 8-102 所示。

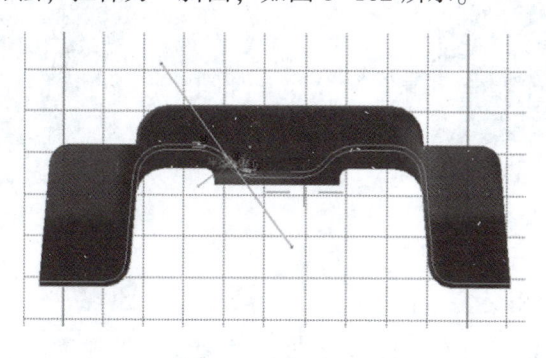

图 8-100 草绘斜线

项目八　逆向设计实例　　163

图 8-101　拉伸斜面

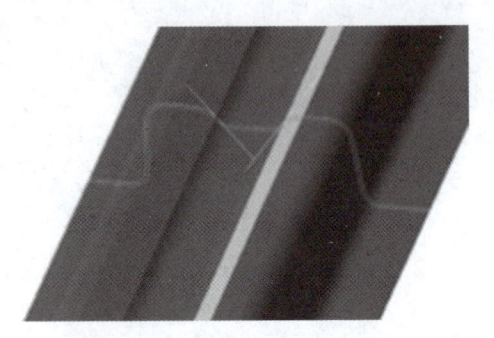

图 8-102　拉伸斜面

步骤十六：单击"草绘" 按钮，选择 XY 平面，绘制如图 8-103 所示直线，退出"草图"工作台，选择"拉伸" 命令，拉伸如图 8-104 所示平面。用同样方法，拉伸另外两个平面，如图 8-105 所示。

图 8-103　草绘直线

图 8-104　拉伸平面

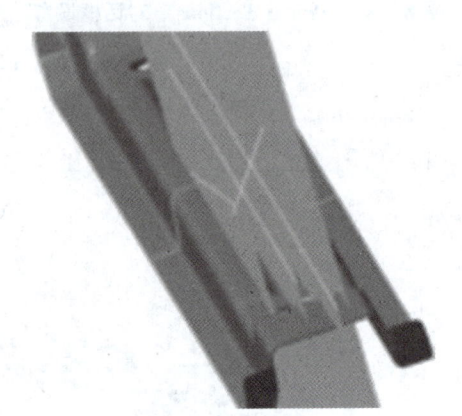

图 8-105　拉伸平面

步骤十七：创建相交线。单击"相交" 按钮，出现"相交定义"对话框，第一元素选择"偏移.2"平面，第二元素选择"偏移.2"平面，如图 8-106 所示，相交结果为两条直线，如图 8-107 所示。同样的方法创建如图 8-105 所示的平面与

"偏移.1"平面的相交线，相交结果如图8-108所示。

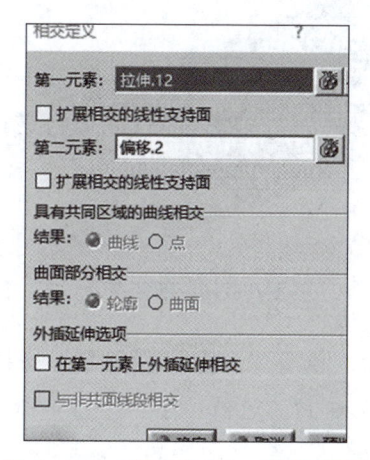

图8-106 "相交定义"对话框设置

图8-107 相交1结果

图8-108 相交2结果

步骤十八：剖切点云。在 DSE 模块单击"Planar Sections" 按钮，出现"Planar Sections"对话框，选择点云，剖切面选择 YZ 平面，如图8-109和图8-110所示。

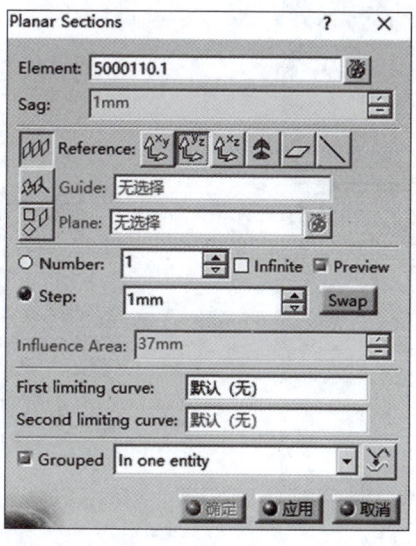

图8-109 "Planar Sections"对话框设置

图 8-110　剖切点云

步骤十九：在 GSD 模块，单击"草绘" 按钮，选择 YZ 平面，绘制如图 8-111 所示直线，退出"草图"工作台，选择"拉伸" 命令，拉伸如图 8-112 所示平面。

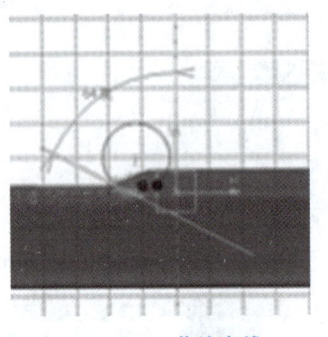

图 8-111　草绘直线　　　　　　　　图 8-112　拉伸平面

步骤二十：单击"修剪" 按钮，弹出"修剪定义"对话框，选择拉伸的斜面，如图 8-113 所示，修剪结果如图 8-114 所示。

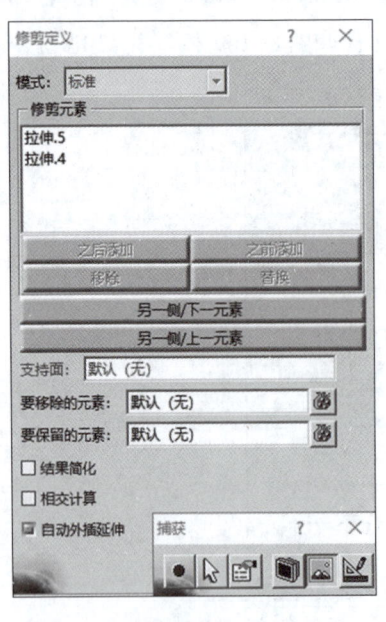

图 8-113　"修剪定义"对话框设置　　　　图 8-114　斜面修剪结果

166　■　CATIA V5 逆向设计案例教程

步骤二十一：单击"圆角"工具栏中的"简单圆角"按钮，弹出"圆角定义"对话框，选择拉伸的斜面，在"半径"文本框中输入"8"，如图 8-115 所示，结果如图 8-116 所示。

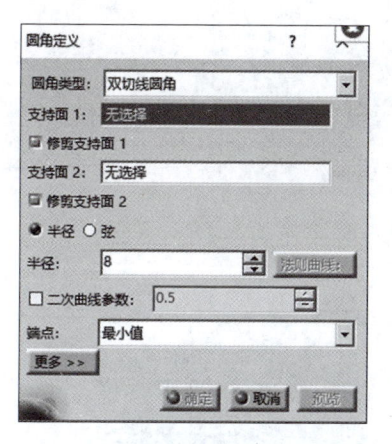

图 8-115 "圆角定义"对话框设置

图 8-116 倒圆角结果

步骤二十二：重复步骤二十和步骤二十一的方法，修剪和倒圆角其他曲面，结果如图 8-117 所示。

图 8-117 修剪和倒圆角其他曲面结果

步骤二十三：单击"对称"按钮，弹出"对称定义"对话框，选择曲面为对称元素，选择 ZX 平面为参考面，如图 8-118 所示，将曲面对称。单击"结合"按钮，选择曲面，将曲面结合为一个面，结果如图 8-119 所示。

图 8-118 "对称定义"对话框设置

图 8-119 结合曲面

步骤二十四：单击"草绘"按钮，选择 XY 平面，绘制如图 8-120 所示曲线，退出"草图"工作台，选择"拉伸"命令，拉伸如图 8-121 所示曲面。采用对称的方

项目八 逆向设计实例 167

法，绘制另外一边曲面。单击"分割"按钮，分割曲面，做出孔面。单击"倒圆角"按钮，将孔面进行倒圆角，结果如图 8-122 所示，采用对称方法绘制另一端的孔面。

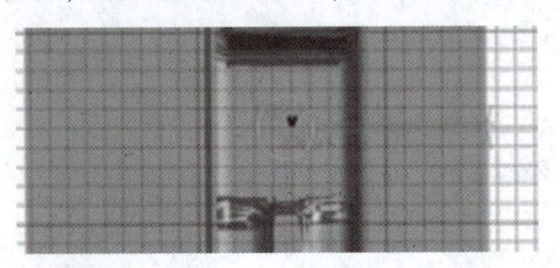

图 8-120 草绘曲线

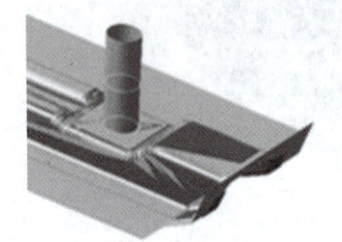

图 8-121 拉伸曲面

图 8-122 孔面

步骤二十五：单击"草绘"按钮。进入"草图"工作台，绘制如图 8-123 所示草图。单击"拉伸"按钮，拉伸曲面，结果如图 8-124 所示。

图 8-123 草图绘制

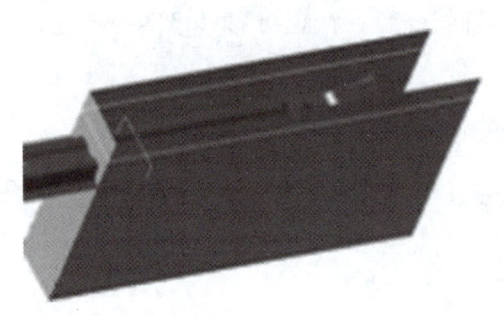

图 8-124 拉伸曲面

步骤二十六：单击"草绘"按钮。进入"草图"工作台，绘制如图 8-125 所示草图。单击"拉伸"按钮，拉伸曲面，结果如图 8-126 所示。

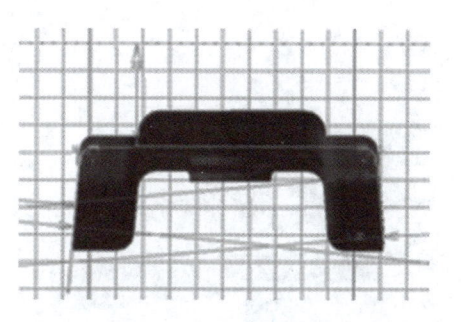

图 8-125　草绘曲线

图 8-126　拉伸曲面

步骤二十七：单击"草绘" 按钮。进入"草图"工作台，绘制如图 8-127 所示草图。单击"拉伸" 按钮，拉伸曲面，结果如图 8-128 所示。

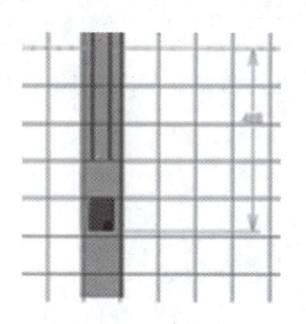

图 8-127　草绘直线　　　　　　　图 8-128　拉伸面

步骤二十八：单击"倒圆角" 按钮。出现"圆角定义"对话框。采用"双切线圆角"方式，选择如图 8-126 和图 8-128 所示曲面，"半径"文本框内输入"5 mm"，如图 8-129 所示，倒圆角结果如图 8-130 所示。

图 8-129　"圆角定义"对话框设置

项目八　逆向设计实例　169

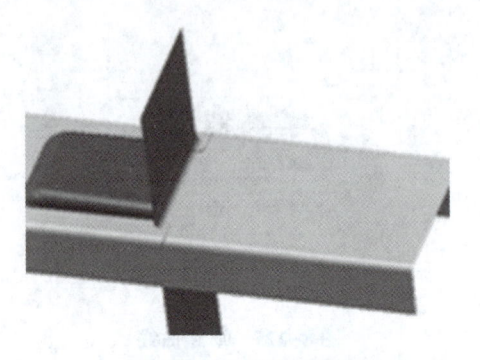

图 8-130　倒圆角结果

步骤二十九：单击"分割"按钮，切除元素选择 ZX 面，分割曲面，再采用对称的方式进行对称，结果如图 8-131 所示。

图 8-131　对称曲面

步骤三十：单击"分割"按钮。将曲面进行分割，结果如图 8-132 所示。

图 8-132　分割曲面

步骤三十一：单击"点"按钮，出现"点定义"对话框，输入点坐标值，如图 8-133 所示。绘制点，单击"直线"按钮，出现"直线定义"对话框，如图 8-134 所示。采用"点-方向"方法绘制直线，结果如图 8-135 所示。

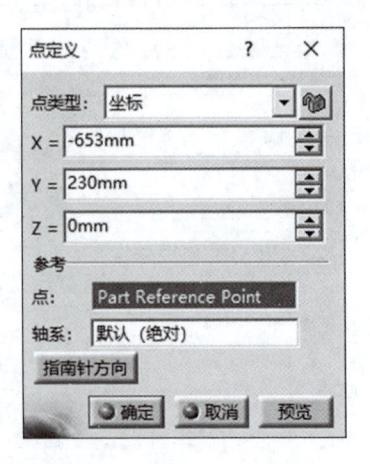

图 8-133　"点定义"对话框设置

图 8-134 "直线定义"对话框设置

图 8-135 直线绘制

步骤三十二：单击"扫掠" 按钮，出现"扫掠曲面定义"对话框，采用"圆心和半径"方式，中心曲线选择如图 8-135 所示直线，在"半径"文本框中输入"3 mm"，如图 8-136 所示。扫掠方式形成的圆柱面如图 8-137 所示。单击"分割" 按钮，在"分割定义"对话框中选择"圆柱面"为切除要素，分割出圆孔，如图 8-138 所示。另一端采用同样的方式形成圆孔。最终完成的散热器下安装板曲面设计，如图 8-139 所示。

图 8-136 "扫掠曲面定义"对话框设置

项目八 逆向设计实例 171

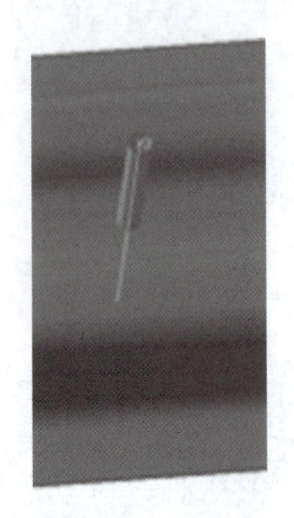

图 8-137　圆柱面　　　　　　　　　图 8-138　分割圆孔

图 8-139　散热器下安装板曲面

步骤三十三：在"零件设计"工作台中，单击"厚曲面"命令，出现"定义厚曲面"对话框，在"第一偏移"文本框中输入"1.2 mm"，如图 8-140 所示，最终形成的实体模型如图 8-141 所示。

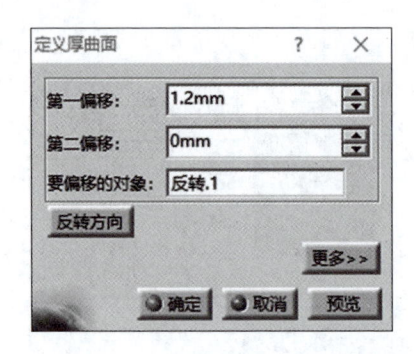

图 8-140　"定义厚曲面"对话框设置

图 8-141　散热器下安装板实体模型

项目评价

通过对"项目实施"的自主完成，接合自身情况完成项目评价。

自评分>80分，表示对本项目知识点掌握全面；

自评分60~80分，表示对本项目知识点已经掌握，但是应用能力不够，还需多练习，提高熟练度；

自评分<60分，表示对本项目知识点掌握程度不够，还需巩固知识点，掌握知识点，多练习，提高熟练度。

评分项	评分细则					自评分
完成时间（20分）	<15 min（20分）	15~20 min（15分）	20~25 min（10分）	25~30 min（5分）	>30 min（0分）	
点云分析能力（20分）	能快速分析出点云中各个特征点，并能快速联想到所需工具（10分）	能自主分析出点云中各个特征点，并能联想到所需工具（7分）	结合"实施步骤"能看懂点云特征点，并能联想到所需工具（5分）	结合"实施步骤"能看懂点云特征点，但不会联想到所需工具（3分）	看不懂"实施步骤"中点云特征点分析（0分）	
应用"基本的点云处理"工具（10分）	快速找到所需工具，并能熟练应用（10分）	能通过查找找到所需工具，并能熟练应用（7分）	能通过查找找到所需工具并进行应用（5分）	能通过查找找到所需工具，不能熟练应用（3分）	不知道所需工具在哪（0分）	
应用"创成式曲面设计"模块工具（20分）	熟练（20分）	较熟练（15分）	一般（能回忆起）（10分）	较不熟练（需翻看对应知识点介绍）（5分）	不熟练（0分）	
应用"数字化曲面重构"模块工具（20分）	熟练（20分）	较熟练（15分）	一般（能回忆起）（10分）	较不熟练（需翻看对应知识点介绍）（5分）	不熟练（0分）	
应用"快速曲面重建"模块工具（20分）	熟练（20分）	较熟练（15分）	一般（能回忆起）（10分）	较不熟练（需翻看对应知识点介绍）（5分）	不熟练（0分）	
总分						

参考文献

[1] 秦琳晶，姜东梅，王晓坤. 中文版 CATIA V5R21 完全实战技术手册 [M]. 北京：清华大学出版社，2017.

[2] 成思源，杨雪荣. 逆向工程技术 [M]. 北京：机械工业出版社，2018.

[3] 刘鑫. 逆向工程技术应用教程（第2版）[M]. 北京：清华大学出版社，2022.

[4] 杨红娟，陈继文. 逆向工程及智能制造技术 [M]. 北京：化学工业出版社，2020.